KB172656

과학공화국 생물법정

8

신기한 생물

과학공화국 생물법정 8

신기한 생물

초판 1쇄 발행일 | 2008년 1월 13일
초판 17쇄 발행일 | 2022년 9월 28일

지은이 | 정완상
펴낸이 | 정은영
펴낸곳 | (주)자음과모음

출판등록 | 2001년 11월 28일 제2001-000259호
주소 | 10881 경기도 파주시 회동길 325-20
전화 | 편집부 (02)324-2347, 총무부 (02)325-6047
팩스 | 편집부 (02)324-2348, 총무부 (02)2648-1311
e-mail | jamoteen@jamobook.com

ISBN 978-89-544-1472-2 (04470)

과학공화국 생물법정

8
신기한 생물

정완상(국립 경상대학교 교수) 지음

(주)자음과모음

생활 속에서 배우는 기상천외한 과학 수업

생물과 법정, 이 두 가지는 전혀 어울리지 않는 소재들입니다. 그리고 여러분에게 제일 어렵게 느껴지는 말들이기도 하지요. 그런데도 이 책의 제목에는 '생물법정'이라는 말이 들어 있습니다. 그렇다고 이 책의 내용이 아주 어려울 거라고 생각하지는 마세요.

저는 법률과는 무관한 과학을 공부하는 사람입니다. 하지만 '법정'이라고 제목을 붙인 데에는 나름의 이유가 있습니다.

이 책은 우리 생활 속에서 일어나는 여러 가지 재미있는 사건을 다루고 있습니다. 그리고 과학적인 원리를 이용해 사건들을 차근차근 해결해 나가지요. 그런데 크고 작은 사건들의 옳고 그름을 판단하기 위한 무대가 필요했습니다. 바로 그 무대로 법정이 생겨나게 되었지요.

왜 하필 법정이냐고요? 요즘에는 〈솔로몬의 선택〉을 비롯하여 생활 속에서 일어나는 사건들을 법률을 통해 재미있게 풀어 보는 텔레비전 프로그램들이 많은데 그 프로그램들이 독자 분들께 재미있게 여겨질 거라고 생각했기 때문이지요. 사건에 등장하는 인물들이 우스꽝스럽고, 사건을 해결하는 과정도 흥미진진하고 말입니다. 〈솔로몬의 선택〉이 법률 상식을 쉽고 재미있게 얘기하듯이, 이 책은 여러분의 생물 공부를 쉽고 재미있게 해 줄 것입니다.

여러분은 이 책을 읽고 나서 자신의 달라진 모습에 놀랄 겁니다. 과학에 대한 두려움이 싹 가시고, 새로운 문제에 대해 과학적인 호기심을 보이게 될 테니까요. 물론 여러분의 과학 성적도 쑥쑥 올라가겠죠.

끝으로 이 책을 쓰는 데 도움을 준 (주)자음과모음의 강병철 사장님과 모든 식구들에게 감사를 드리며 주말도 없이 함께 일해 준 과학 창작 동아리 SCICOM 식구들에게 감사를 드립니다.

진주에서

정완상

목차

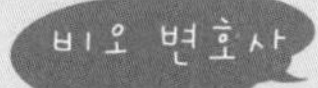
비오 변호사

프롤로그

생물법정의 탄생

태양계의 세 번째 행성인 지구에 과학공화국이라고 부르는 나라가 있었다. 이 나라는 과학을 좋아하는 사람이 모여 살았고 인근에는 음악을 사랑하는 사람들이 살고 있는 뮤지오 왕국과 미술을 사랑하는 사람들이 사는 아티오 왕국, 그리고 공업을 장려하는 공업공화국 등 여러 나라가 있었다.

과학공화국은 다른 나라 사람들에 비해 과학을 좋아했지만 과학의 범위가 넓어 어떤 사람은 물리를 좋아하는 반면 또 어떤 사람은 생물을 좋아하기도 했다.

특히 다른 모든 과학 중에서 주위의 동물과 식물을 관찰할 수 있는 생물의 경우 과학공화국의 명성에 맞지 않게 국민들의 수준이 그리 높은 편이 아니었다. 그리하여 농업공화국의 아이들과 과학공화국의 아이들이 생물 시험을 치르면 오히려 농업공화국 아이들의 점수가 더 높을 정도였다.

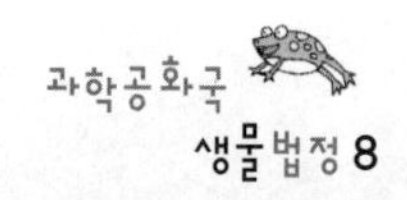

특히 최근 인터넷이 공화국 전체에 퍼지면서 게임에 중독된 과학공화국 아이들의 생물 실력은 평균 이하로 떨어졌다. 그것은 직접 동식물을 기르지 않고 인터넷을 통해 동식물의 모습만 보기 때문이었다. 그러다 보니 생물 과외나 학원이 성행하게 되었고 그런 와중에 아이들에게 엉터리 내용을 가르치는 무자격 교사들도 우후죽순 나타나기 시작했다.

생물은 일상생활의 여러 문제에서 만나게 되는데 과학공화국 국민들의 생물에 대한 이해가 떨어지면서 곳곳에서 분쟁이 끊이지 않았다. 그리하여 과학공화국의 박과학 대통령은 장관들과 이 문제를 논의하기 위해 회의를 열었다.

"최근의 생물 분쟁을 어떻게 처리하면 좋겠소?"

대통령이 힘없이 말을 꺼냈다.

"헌법에 생물 부분을 좀 추가하면 어떨까요?"

법무부 장관이 자신 있게 말했다.

"좀 약하지 않을까?"

대통령이 못마땅한 듯이 대답했다.

"그럼 생물학으로 판결을 내리는 새로운 법정을 만들면 어떨까요?"

생물부 장관이 말했다.

"바로 그거야. 과학공화국답게 그런 법정이 있어야지. 그래, 생물 법정을 만들면 되는 거야. 그리고 그 법정에서의 판례들을 신문에 게재하면 사람들이 더 이상 다투지 않고 자신의 잘못을 인정할 거야."

대통령은 환하게 미소를 지으면서 흡족해했다.

"그럼 국회에서 새로운 생물법을 만들어야 하지 않습니까?"

법무부 장관이 약간 불만족스러운 듯한 표정으로 말했다.

"생물은 일상 곳곳에서 우리가 직접 관찰할 수 있습니다. 누가 관찰하든 같은 구조를 보게 되는 것이 생물이죠. 그러므로 생물 법정에서는 새로운 법을 만들 필요가 없습니다. 혹시 새로운 생물 이론이 나온다면 모를까……."

생물부 장관이 법무부 장관의 말을 반박했다.

"그래 나도 생물을 좋아하지만 생물의 구조는 참 신비해."

대통령은 생물 법정을 벌써 확정 짓는 것 같았다. 이렇게 해서 과학공화국에는 생물학적으로 판결하는 생물 법정이 만들어지게 되었다.

초대 생물 법정의 판사는 생물에 대한 책을 많이 쓴 생물짱 박사가 맡게 되었다. 그리고 두 명의 변호사를 선발했는데 한 사람은 생물학과를 졸업했지만 생물에 대해 그리 깊게 알지 못하는 생치라는 이름을 가진 40대였고 다른 한 변호사는 어릴 때부터 생물 박사 소리를 듣던 생물학 천재인 비오였다.

이렇게 해서 과학공화국의 사람들 사이에서 벌어지는 생물과 관련된 많은 사건들이 생물 법정의 판결을 통해 깨끗하게 마무리될 수 있었다.

제1장

동물의 진화에 관한 사건

신혼 북극곰의 최후

북극곰은 서로 잡아먹을까요?

겨울을 너무 좋아하는 김얼음 씨가 있었다. 김얼음 씨는 덥고 땀흘리는 여름이 세상에서 제일 싫었다. 슬슬 따뜻해지는 봄만 와도 얼른 다시 겨울이 돌아오기를 바라는 김얼음 씨였다.

"항상 겨울인 곳은 없을까?"

그래서 항상 여름만 되면 이런 생각을 하곤 했다. 그리고 결국 얼마 후 김얼음 씨는 여름을 참지 못하고 1년 내내 겨울인 알래스카로 이민을 가게 되었다. 알래스카에 도착한 김얼음 씨는 여름이 오지도 않고 항상 얼음이 있을 정도로 추운 겨울에 만족했지만 혼자 알래스카로 이민을 왔기 때문에 혼자 지내기가 너무 쓸쓸했다. 그래서 함께 지낼 애완동물을 기르기로 결심했다.

"여기 애완동물을 파는 곳이 있어요?"

"애완동물 파는 곳이 어디 있어요? 그냥 잡아다가 잘 기르면 애완동물이지."

저기 밑에서 얼음을 깨고 있던 사람에게 애완동물 파는 곳을 물었다가 바보 취급만 당했다.

"그렇지……. 여기는 알래스카지……."

여기가 알래스카인지 순간 잊은 김얼음 씨는 원래 있었던 곳처럼 애완동물을 파는 곳이 따로 있다고 생각한 것이었다. 그래서 결국 집으로 돌아와 어떤 애완동물을 잡아다 기를까 고민하던 중에 집의 문 밖으로 북극곰 한 마리가 지나가는 게 보였다. 그때 김얼음 씨는 그 순간을 놓치지 않고 보았다.

"좋아. 덩치도 사람만한 게 기르면 외롭지 않겠어!"

알래스카에 있는 북극곰은 그렇게 포악하거나 사람을 공격하는 편이 아니었기 때문에 사람의 말을 잘 따랐다. 그것을 알고 있던 김얼음 씨도 수컷 북극곰을 기르기로 결정했다. 결국 지나가던 북극곰을 집으로 데리고 와서 따로 방을 만들어주고 이름까지 지어주었다.

"이름은…… 앙증맞게 리틀이 좋겠어."

비록 덩치와 맞지 않는 이름이었지만 김얼음 씨는 옛날에 키웠던 작은 강아지 이름을 딴 '리틀' 을 그 거대한 수컷 북극곰의 이름으로 부르면서 애완동물로 키우며 그렇게 시간을 보냈다. 그러나 역시 아무리 사람만한 북극곰이라지만 그냥 항상 밖에서 물고기만 잡아먹고서는 집에 와서 잠만 자는 북극곰이 사람을 대신해주진 못하는 것 같았다.

'그럼 옆집에 있는 사람이라도 친해져야겠어. 이렇게 곰하고만 살다가는 내가 곰이 될 것만 같아!'

김얼음 씨는 도저히 혼자 쓸쓸히 알래스카에 남을 수 없다는 생각에 집 앞에 있는 얼음을 깨서 만든 팥빙수를 선물로 들고서 몇 m 떨어진 곳에 있는 이웃집에 찾아갔다. 먼저 인사를 하고 친해지기 위해서였다.

"누구세요?"

"아, 저는 여기서 100m 떨어진 곳에서 사는 김얼음이라고 합니다. 이웃인데 같이 잘 지내자구요."

"잘 오셨어요. 저도 요즘 한창 사람이 그리웠던 참이었는데……."

다행히도 이웃인 나겨울 씨도 김얼음 씨처럼 이곳이 외로웠던 참이었다.

"그러세요? 정말 외로웠어요."

"그럼요. 둘러보면 얼음이고 눈이고 해서 다시 집으로 돌아갈까 생각중이었어요."

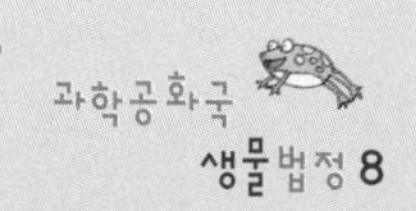

사람이 그리웠던 둘은 금세 친구가 되었고 김얼음 씨는 나겨울 씨 집에 들어가 자신이 가지고 온 팥빙수를 먹고 있었다. 그때 나겨울 씨 집에서 북극곰 한 마리가 어기적 나타났다.

"북극곰 키우시나 봐요."

"아. 네. 너무 적적해서…… 암컷이에요."

"그래요? 저는 수컷 북극곰을 키우고 있는데……."

"정말이세요? 이것도 우연이네요."

둘은 주로 모이면 북극곰을 키우는 이야기로 시간을 보냈다.

"저번에 이 암컷 북극곰이 외로웠던지 달력에 있는 수컷 북극곰 사진을 뚫어지게 쳐다보고 있더라니깐요. 오호호."

"저 암컷 북극곰도 외로운가 봐요. 우리 리틀도 외로운 것 같던데……."

"그럼 외로운 둘을 맺어 줄까요?"

"정말 그럴까요?"

그날도 여전히 팥빙수를 먹으며 애완동물인 북극곰 얘기를 한창 하다가 둘을 이어주자는 얘기가 나오자 김얼음 씨는 반가움에 눈이 휘둥그레졌다. 김얼음 씨는 북극곰에 대해서 하나도 몰랐지만 그래도 한 번씩 리틀의 눈을 볼 때면 외롭다고 느껴질 때가 있었다. 너무 갑작스럽게 자신과 살게 되었기에 더욱 외로웠을 리틀이 생각났던 것이다.

"그럼 당장 내일 짝짓기 시켜요."

"당장 내일이요? 더 길게 끌 필요 없죠. 좋아요!"

나겨울 씨는 김얼음 씨에게 자신의 집에서 둘을 합방시키는 것을 제의했고 그동안 나겨울 씨는 김얼음 씨 집에 있는 빈 방에서 자기로 했다. 김얼음 씨는 집으로 돌아와 내일 짝짓기를 하게 될 리틀의 털을 빗어 주면서 암컷 북극곰에게 잘 보이게 하기 위해서 단장을 해줬다.

"리틀, 그동안 많이 외로웠지? 내일은 외롭지 않을 거야."

이렇게 해서 다음날 저녁에 나겨울 씨는 김얼음 씨 집에 왔고 김얼음 씨는 리틀을 데리고 암컷 북극곰이 기다리고 있는 나겨울 씨 집으로 데려다 주었다. 그렇게 해서 나겨울 씨 집에서 암컷, 수컷 북극곰이 합방을 하게 되었다. 그리고 다음날 아침 김얼음 씨는 리틀을 데려 왔고 다시 서로의 집으로 돌아오게 되었다. 그리고 시간이 흐르고 얼마 후 나겨울 씨가 김얼음 씨 집에 찾아왔다.

"웬일이에요. 우리 집까지 찾아 오구."

"웬일이냐 구요? 이것 봐요! 우리 암컷곰이 어떻게 됐는 줄 알아요?"

"암컷 곰이 어떻게 됐는데요?"

"우리, 우리…… 암컷 북극곰이…… 죽었어요. 흑흑."

아까까지만 해도 그렇게 화를 내던 나겨울 씨가 참고 있던 눈물을 쏟아냈다.

"죽었다구요? 왜요?"

"아무리 생각해봐도 다른 이유가 없어요. 저번에 합방시킨 것 말고는……, 흑흑."

"그래서 지금 그게 우리 리틀 탓이라는 거예요?"

"그때 리틀이 우리 암컷 북극곰을 때렸는지 꼬집었는지 당신도 모르잖아요!"

"그래도 우리 리틀이 그럴 리 없어요! 괜히 우리 리틀 탓하지 마요!"

"분명 리틀 탓이야! 이렇게 황소고집부리면, 나 고소할 거예요!"

"고소해 봐요! 분명 다른 이유가 있을 거예요!"

나겨울 씨는 둘이 짝짓기를 하고 나서 암컷 북극곰이 죽었기 때문에 이 모든 잘못은 리틀에게 있다고 생각해서 리틀의 잘못을 인정하지 않는 리틀의 주인인 김얼음 씨를 생물법정에 고소했다.

지구 온난화로 북극의 얼음이 녹아내리면서 북극곰이
먹이를 구하지 못해 이상 행태를 보이고 있습니다.

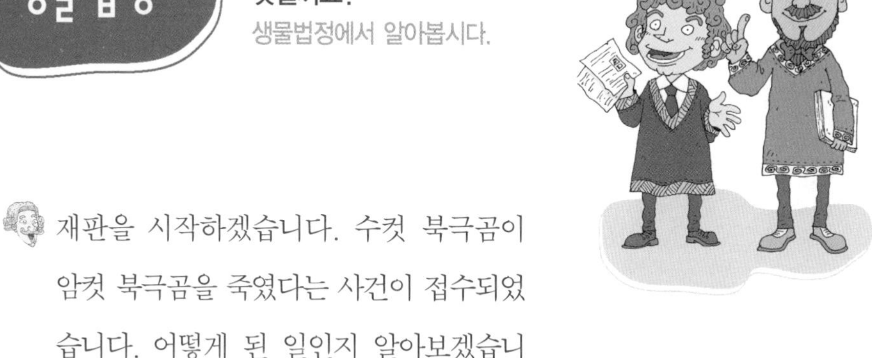

수컷 북극곰이 암컷 북극곰을 죽인 것일까요?

생물법정에서 알아봅시다.

재판을 시작하겠습니다. 수컷 북극곰이 암컷 북극곰을 죽였다는 사건이 접수되었습니다. 어떻게 된 일인지 알아보겠습니다. 먼저 피고 측 변론을 들어 보겠습니다.

원고는 지금 억지를 쓰고 있습니다. 절대 수컷 북극곰이 암컷 북극곰을 죽이지 않았습니다.

피고 측은 수컷 북극곰이 암컷 북극곰을 해치지 않았다고 판단하는 근거가 있습니까?

수컷 북극곰이 암컷 북극곰을 해치지 않았다는 것을 입증하기 위해 증인을 요청합니다. 증인은 북극 나라 본부의 안추워 본부장님입니다.

증인 요청을 인정합니다.

하얀 털옷을 입고 긴 머리와 턱수염을 기른 50대 초반의 남성이 증인석으로 들어섰다.

수컷 북극곰이 암컷 북극곰을 해쳤다고 볼 수 있습니까?

글쎄요. 지금까지 알려진 바에 따르면 북극곰이 개체 수 통제와 지배권 확보를 위해 동료를 살해한 적은 있지만 다른 이유에서 서로를 해치진 않습니다.

개체 수 통제나 지배권 확보는 같은 성별로 남성끼리의 싸움이 예상되는데, 그렇다면 특히 수컷 북극곰이 암컷 북극곰을 해칠 이유는 없군요. 혹시 먹이 부족으로 잡아먹는 경우는 없습니까?

북극곰은 서로 잡아먹지 않는다고 알려져 있습니다. 그러므로 수컷 북극곰이 암컷 북극곰 먹이를 얻기 위해 살해한 것은 아주 보기 드문 현상입니다.

증인의 설명에 따라 수컷 북극곰이 암컷 북극곰을 잡아먹는 일은 거의 없다고 판단됩니다. 그런데 수컷 북극곰이 암컷 북극곰을 해쳤다고 주장하다니 우기기의 대왕인가요?

피고 측에서는 북극곰은 수컷 북극곰이 암컷 북극곰을 해칠 이유가 없다고 하는데요. 이에 대한 원고 측의 변론을 들어보도록 하겠습니다.

현재 지구의 온난화로 북극에는 이상 현상이 자주 일어나고 있습니다. 북극곰은 먹이를 위해 같은 종족을 잡아먹지 않는다는 것은 옛말입니다.

그렇다면 현재는 같은 종족을 잡아먹는다는 말씀인가요?

북극곰의 이상 현상에 대해 증인을 모셔서 말씀드리겠습

니다. 북극곰 탐사단의 왕불안 팀장님을 증인으로 요청합니다.

증인 요청을 받아들이겠습니다.

얼굴이 창백하고 불안해 보이는 40대 후반의 남성은 북극곰에 대한 걱정으로 힘이 빠져 어깨를 축 늘어뜨린 채 법정에 들어섰다.

증인은 북극곰에 대해서 모르는 것이 없을 것 같습니다. 북극곰은 어떤 동물인가요?

북극곰의 정상적인 수컷 성체는 몸길이가 2.5m에 몸무게가 500kg 정도 나갑니다. 암컷은 훨씬 작고 몸길이 1.8m에 몸무게가 180에서 230kg밖에 안 나갑니다. 가장 큰 것은 몸길이 3m에 몸무게 900kg이라고 합니다. 북극곰은 먹이의 약 90% 이상이 물범, 물개, 바다사자, 바다코끼리며 레밍, 물고기 등도 먹습니다.

기운이 없어 보이는 군요. 북극곰에게 안 좋은 일이라도 있습니까?

요즘 계속되는 지구 온난화로 북극 전체에 좋은 일을 찾아보기 힘듭니다.

마음이 아프시겠군요. 북극곰에게도 이상 현상이 발견되고 있습니까?

그렇습니다. 생존 위기에 처한 북극곰이 암곰을 살해한 뒤 사체를 먹는 안타까운 일이 벌어지고 있습니다.

사태가 심각하군요. 피고 측에서는 수컷 북극곰이 먹이를 얻기 위해 암컷 북극곰을 해치는 예는 없다고 하는데 어떻게 된 일인가요?

북극곰은 알려진 바에 따르면 개체 수 통제와 지배권 확보를 위해 동료를 살해하는 일은 있지만 먹이를 얻기 위해 살해하는 예는 보기 드문 현상이라고 합니다. 그렇지만 북극의 보포르 해와 알래스카 북부 등지에서 암곰을 살해하여 사체를 먹는 사례가 세 건이나 발견되었고 그중에서 수컷 북극곰이 덩치가 자신의 절반밖에 안 되는 암곰에게 갑자기 달려들어 죽인 뒤 사체의 일부를 먹는 것이 발견되었습니다.

이 같은 현상이 일어나는 원인은 무엇입니까?

북극곰이 이상 행태를 보이고 있는 것은 지구 온난화로 북극의 얼음이 녹아내리면서 먹이를 구하지 못하고 있기 때문입니다. 북극곰이 동료를 죽이고 사체를 먹는 이런 일은 지금껏 거의 볼 수 없었던 현상이어서 큰 문제로 대두되고 있습니다.

그렇다면 수컷 북극곰이 암컷 북극곰을 해쳤다는 원고의 주장이 근거가 있군요.

특별한 이유 없이 짝짓기를 하기 위해 만났을 때 암컷 북극곰이 죽을 이유는 없는 것으로 보입니다. 따라서 암컷 북극곰이 죽었다는 것은 수컷 북극곰이 해쳤다고 보는 것이 옳을 것입니다.

지구온난화로 북극의 생물들이 위협을 느끼고 있습니다. 북극곰은 생존을 위해 어쩔 수 없이 자신의 동료를 잡아먹어야 하는 아픔을 겪고 있다고 하니 정말 할 말을 잃을 수밖에 없는 상황입니다. 원고의 주장대로 특별한 이유가 없었다면 수컷 북극곰이 암컷 북극곰을 해친 것으로 판단됩니다. 수컷 북극곰의 주인인 김얼음 씨는 암컷 북극곰의 주인인 나겨울 씨를 위로해 주고 암컷 북극곰의 장례를 치러줄 것을 요구합니다.

지구의 이상 현상으로 북극곰에게도 가슴 아픈 일이 일어나고 있다니 인간이 자연을 얼마나 많이 해치고 있는지를 알 수 있군요. 더 이상 지구 온난화와 같은 자연을 해치는 일이 없도록 자연보호를 위한 캠페인을 자주 열어 사람들에게 지구를 지키려는 의지를 심어주도록 해야겠습니다. 피고는 원고의 암컷 북극곰을 위한 장례를 치러주도록 하고 애완 곰을 잃은 원고를 위로해 주도록 하십시오. 이상으로 재판을 마치도록 하겠습니다.

재판이 끝난 후, 리틀로 인해 애완용 북극곰을 잃은 나겨울 씨에게 김얼음은 위로의 말을 건넸다. 또한 나겨울의 애완용 북극곰의 장례를 지내주며 곰의 명복을 빌었다.

북극곰은 피부가 흰색인 것처럼 보이지만 사실 피부의 색은 검은 색이고 그 위에 흰털이 나 있다. 북극곰의 피부가 검은 것은 추운 지방에서 열을 많이 흡수하여 추위를 견딜 수 있게 해준다.

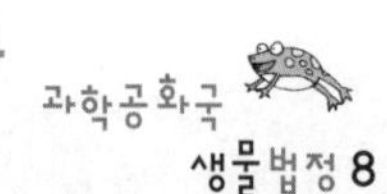

아기 고래의 죽음

갓 태어난 아기 고래가 물속에서 죽은 이유는 무엇일까요?

과학공화국의 바닷가 근처에는 아쿠아리움이 있다. 아쿠아리움에 입장하면 바다거북이와 상어 등 바다에 사는 많은 생물들을 볼 수 있다. 아쿠아리움에서는 이렇게 많은 생물들을 보여주는 공간이 있고, 또 이 아쿠아리움의 한쪽에는 고래를 기르는 곳도 있다. 고래가 아주 귀하기 때문에 인공적으로 환경을 만들어 고래를 키우는 것이다. 고래가 갑자기 죽는 일이 생겨도 그 자식들을 번식시켜서 고래의 멸종을 막으려는 생각이었다. 물론 큰 고래의 덩치에 맞게 아주 넓은 수족관에서 따로 고래들만 모여서 살고 있었다. 그러던 중 고래수족관에 새로운 아쿠아리스트가 왔다.

"반갑습니다. 저는 새로운 고래수족관 아쿠아리스트가 된 고래바압입니다. 아직 모르는 게 많지만 고래를 사랑하는 마음으로 열심히 하겠습니다!"

아쿠아리움 직원들에게 인사를 한 고래바압 씨는 고래를 너무 사랑해서 이 일을 하게 되었다.비록 고래에 대한 해박한 지식은 없지만 하루 종일 고래들과 함께 지낼 수 있다는 생각에 고래수족관 아쿠아리스트일에 대해서 많은 자부심을 가졌다. 그렇게 하루하루 고래들에게 밥도 주고 수족관도 청소하면서 고래들과 함께 지내는 나날을 보냈다.

"고래야, 오늘은 어제보다 더 등이 미끈하구나~!"

"고래야, 오늘은 더 멋지게 헤엄을 치는구나~!"

고래바압 씨는 언제나 고래와 함께인 게 좋았고 모든 고래들을 다 열심히 보살폈는데, 사실 고래바압 씨가 애착을 두는 고래는 따로 있었다. 고래바압 씨가 올 때부터 새끼를 배고 있던 고순이에게 더 많은 관심을 두고 있었다.

"고순이는 새끼를 뱄으니깐 다른 고래들보다 더 많이 먹어."

밥을 나눠주면서도 고순이에게 더 많은 밥을 주게 되고 새끼를 낳을 날이 다가올수록 고순이에게 더 눈이 갔다. 그렇게 지내던 어느 날이었다. 드디어 고순이가 새끼를 낳을 날이 왔다.

"고순아. 오늘은 드디어 고순이가 새끼를 낳는 날이네. 고순아.

힘내야 해."

고순이가 새끼를 낳는 날이라고 하자 수의사와 함께 여러 사람들이 모였다. 새끼를 낳는 일이기에 전문적인 손길이 필요했던 것이다.

"안녕하세요, 수의사 다고쳐입니다."

"네, 아쿠아리스트 고래바압입니다. 잘 부탁드립니다."

이렇게 해서 본격적으로 수의사의 도움으로 고순이가 서서히 새끼를 낳고 있었다. 고래가 새끼를 낳는 모습을 난생 처음 보는 고래바압 씨는 지켜보면서 신기함에 입을 다물 수가 없었다. 물에 사는 고래가 다른 물고기들처럼 알을 낳는 게 아니라 새끼를 낳는다는 것도 놀라울뿐더러 고래가 새끼를 낳는 모습을 이렇게 가까이서 보는 것은 아무나 누릴 수 없는 경험이기 때문이다.

"아쿠아리스트님, 새끼 낳았습니다."

고래 옆에서 새끼를 받던 수의사가 말했다. 고래바압 씨가 고순이 옆으로 갔을 때에는 수의사가 탯줄이 그대로 있는 새끼를 손으로 들고 있었다.

"아쿠아리스트님, 여기 탯줄을 끊으세요."

수의사의 갑작스러운 요청에 고래바압 씨는 순간 당황했다. 탯줄을 자르는 이렇게 중요한 일을 자신에게 맡긴다는 것에 놀란 것이었다. 하지만 마음을 다잡고 이 중요한 일을 실수 없이 해야겠다는 생각이 들었다.

"네. 이렇게 하면 되죠?"

수술용 가위를 들고 떨리는 손으로 탯줄의 한가운데를 잘랐다.

"네. 그러면 저는 고순이의 상태를 보겠습니다. 이 새끼를 받아 주세요."

수의사 다고쳐 씨는 잡고 있던 새끼를 고래바압 씨에게 넘겨줬다. 이제 갓 어미 뱃속에서 나온 새끼를 받아든 고래바압 씨는 이것 또한 처음 경험하는 거라 어찌할 바를 몰랐다. 그래서 새끼 고래가 마르기 전에 얼른 물에 넣어 놔야겠다는 생각이 들었다.

"고순이 새끼니깐 너의 이름은 고돌이라고 해줄게."

고래바압 씨는 새끼 고래가 들어갈 수 있도록 작은 수족관에 물을 채워 넣고 새끼 고래에게 이름까지 붙여 주면서 애정을 표현했다. 그리고 물을 가득 담은 수족관에 새끼 고래인 고돌이를 넣었다. 그리고 그 이후로도 매일매일 고돌이의 상태를 지켜봤다. 그런데 날이 가면 갈수록 고돌이의 상태가 좋지 않아보였다.

"고돌아. 왜 이러니. 왜 이렇게 힘이 없어."

먹이도 많이 주고 물도 자주 갈아줬지만 고돌이의 상태는 좋아질 기미가 보이지 않았다. 그러던 어느날 고돌이의 상태가 심상치 않았다. 좀처럼 움직이지 않는 것이었다

"고돌아! 고돌아! 일어나 봐!"

고래바압 씨는 물속에 손을 넣어 고돌이를 만졌지만 고돌이는 꿈쩍도 하지 않았다. 불길한 예감이 든 고래바압 씨는 계속 고돌이

에게 소리쳤지만 결국 고돌이는 죽고 말았다.

"고돌아~ 태어나자마자 가는 게 어디 있니……."

고래바압 씨는 고돌이가 처음으로 태어난 걸 본 고래라 고돌이의 죽음에 많이 슬퍼했다. 그렇게 고돌이의 죽음이 세상에 알려지고 그 소식이 고래 보호 단체의 귀에도 들어갔다. 어린 고래가 죽었다는 소식에 고래 보호 단체의 사람들이 아쿠아리스트인 고래바압 씨에게 찾아갔다.

"당신이 관리자입니까?"

"네, 그런데요."

"저희는 고래 보호 단체에서 왔습니다. 어린 고래를 어떻게 하셨길래 태어난 지 얼마 되지도 않아 죽게 합니까?"

"네? 저는 아무 잘못 없습니다. 얼마나 고돌이를 아꼈는데요. 저는 고돌이가 태어나자마자 마를까봐 얼른 물 받은 수조 속에 넣어두기까지 했는데……."

"뭐라구요? 고래 새끼를 물속에 바로 넣었다구요?"

"네, 마를까봐 얼마나 빨리 넣었는데요."

"그러니깐 고래가 숨을 못 쉬어서 죽었잖아요!"

"고래는 물에서 사는 생물이잖아요. 그래서 물을 가득 채웠지요! 그래야 하잖아요!"

"당신이 잘못 한 거예요!"

"제가 얼마나 고순이와 고돌이를 사랑하는데요!"

"당신은 어쨌든 막 태어난 새끼 고래를 제대로 보살피지 않았어요! 당신을 고소하겠어요!"

"저는 정말 그런 의도가 없었다구요!"

고래바압 씨가 아니라고 말을 했지만 고래 보호 단체에서는 제대로 보살피지 않은 고래바압 씨를 생물법정에 고소했다.

새끼 고래는 숨을 쉬기 위해 한 달간 잠을 자지 않고 어미의 뒤를 쫓아 약 15분마다 수면 위로 올라갑니다.

고래가 죽을 수밖에 없었던 이유는 무엇일까요?
생물법정에서 알아봅시다.

재판을 시작하겠습니다. 새끼 고래가 죽은 원인이 무엇인지 알아보도록 하겠습니다. 피고 측의 잘못으로 새끼 고래가 죽었다는 고소가 들어왔는데 피고 측에서는 인정합니까?

새끼 고래가 죽은 원인은 피고의 잘못이 아닙니다. 피고는 누구보다도 새끼 고래를 사랑하는 수족관 아쿠아리스트입니다. 새끼 고래에게 죽을 위기가 닥치면 구하지는 못할망정 피고는 절대 새끼 고래의 죽음을 모른 척 할 사람이 아닙니다.

고래를 그렇게 사랑하는 피고의 손에 있던 새끼 고래는 결국 죽었습니다. 그렇다면 새끼 고래가 죽은 원인은 무엇입니까?

새끼 고래가 태어나서 피고의 손에 있었지만 피고는 새끼 고래가 태어나자마자 새끼 고래의 촉촉한 피부를 유지할 수 있도록 재빨리 물이 담긴 수족관에 넣어 준 일밖에 없습니다. 피고의 힘에 의한 압력이나 피고의 미움이나 실수로 죽었다고 볼 수 없습니다.

피고 측의 변론을 들어본 바에 따르면 피고는 특별히 새끼 고래가 다칠 만한 일을 한 것 같지는 않은데, 어떻게 새끼 고래의 죽음이 피고의 잘못이라고 하는 건지 원고 측의 변론을 들어보겠습니다.

새끼 고래는 물속에서 오랫동안 있을 수 없습니다. 숨을 쉬어야 하므로 계속 물 밖으로 나와야 하는데 물이 가득 담긴 수족관에 새끼 고래를 넣었다면 새끼 고래는 숨을 쉴 수 없어 죽을 수밖에 없습니다.

새끼 고래가 호흡 곤란으로 죽었다는 겁니까? 고래는 오랫동안 물속에 있는 동물인 것으로 알고 있습니다. 그런데 새끼 고래가 물속에서 숨을 쉴 수 없다니 그 이유는 무엇인가요?

새끼 고래의 특징이나 새끼 고래가 숨을 쉬는 방법 등에 대해서 증인을 모셔서 설명을 들어보겠습니다. 고래 사랑 협회의 장러브 협회장님을 증인으로 요청합니다.

증인요청을 받아들이겠습니다.

새끼 고래의 사진을 두 손으로 조심스럽게 받쳐 든 50대 중반의 남성은 검은 정장을 차려입고 증인석에 앉았다.

새끼 고래가 죽어 마음이 아프시겠습니다. 새끼 고래는 어떤 특성을 가지고 있습니까?

범고래와 큰 돌고래의 갓 태어난 새끼들이 무려 한 달간 잠을 자지 않는다는 사실이 밝혀졌습니다.

새끼 고래가 한 달간 잠을 자지 않는 이유는 무엇입니까?

고래는 폐로 숨을 쉬기 때문에 잠수해 있는 동안 체내에서 산소가 떨어지면 해면 위로 올라와야 합니다. 즉 수면 위로 분수 모양의 물줄기를 내뿜는 모습은 바로 머리 윗부분에 있는 숨구멍으로 숨을 내쉬는 상황입니다. 그런데 새끼 고래는 태어나자마자 닥친 환경이 물속이기 때문에 얼른 해면 위로 올라가 첫 숨을 쉬지 못하면 죽어버립니다. 그래서 탯줄이 끊어지면 본능적으로 해면으로 올라와 숨을 쉽니다. 이때 어미는 새끼를 수면 위로 밀어 올려 숨을 쉴 수 있도록 도와줍니다. 따라서 새끼 고래는 숨을 쉬기 위해 한 달간 잠을 자지 않고 어미의 뒤를 쫓아 약 15분마다 해면 위로 3초에서 30초 간격으로 올라가는 것입니다.

새끼 고래가 죽은 원인은 무엇입니까?

새끼 고래는 물속에서 숨을 쉬지 못해 죽었다고 판단됩니다.

고래는 물속에서 오랫동안 버티기로 유명한 동물이라고 알고 있는데 어떻게 호흡 곤란이 일어난 것입니까?

일반적으로 고래는 해면 위로 올라와 충분히 산소를 들이마신 뒤 두 시간 정도는 끄떡없이 3000m까지 잠수할 수 있습니다. 하지만 새끼 고래는 오랫동안 산소를 들이마시지 않고 버틸 능력이 없습니다. 피고가 갓 태어난 새끼 고래를 물이 가득 담긴 수조 안에 넣었기 때문에 새끼 고래가 호흡을 위해

수면 위로 올라오지 못하고 호흡 곤란을 느끼고 죽을 수밖에 없었습니다.

갓 태어난 새끼 고래는 어미 고래처럼 폐의 기능이 발달하지 못하여 숨을 쉴 수 있는 능력이 없으므로 한 달간 해면 위로 오르락내리락 거리며 호흡을 해야 하는데, 피고가 이 사실을 몰라서 물이 가득 담긴 수족관에 새끼 고래를 넣은 것이군요.

그렇습니다. 새끼 고래의 특징을 알았다면 물을 가득 담지 않았을 것이며 새끼 고래도 죽지 않았을 겁니다. 어떤 동물을 돌볼지라도 그 동물에 대해서 상세하게 정보를 얻은 후에 동물을 돌보는 것이 좋겠습니다.

고래를 잃은 마음이 많이 아프시겠습니다. 피고도 고래를 사랑하는 사람으로서 자신이 고래를 죽게 만들었다는 자책감을 느낄까 걱정되는군요. 새끼 고래에 대해서 좀 더 정보를 수집하여 다루었으면 좋겠습니다.

고래의 죽음이 안타깝군요. 피고는 실수를 반성하고 앞으로는 이런 일이 없도록 해야 할 것입니다. 새끼 고래를 낳은 어미 고래의 마음을 위로해 주어야겠습니다. 어미 고래의 마음을 잘 달래주고 새끼를 더 낳을 수 있도록 몸 관리에 신경을 더 써 주세요. 이상으로 재판을 마치겠습니다.

재판이 끝난 후, 자신의 잘못으로 고돌이가 죽었음을 알게 된 고래바압 씨는 고순이에게 너무 미안했다. 그래서 예전보다 더욱 더 고순이에게 정성을 다 했고, 얼마 후 고순이가 다시 새끼를 낳았을 때는 건강하게 자랄 수 있도록 돌봐주었다.

고래의 분수

고래가 수면 위로 올라와 뿜어내는 고래 등의 분수는 사실은 고래의 호흡작용으로 생긴 수증기다. 그런데 수증기가 몸 밖으로 나오면서 응결되어 물로 변한 것이다.

인간만 도구를 사용한다고요?

인간 외에 도구를 사용하는 동물은 없을까요?

아마추어 과학자 오류네 씨는 연구를 하면서 짬짬이 책이나 시 읽는 것을 좋아했다. 하루 종일 연구를 하다 보면 몸과 마음이 지쳐 있는데 그때마다 과학과 거리가 먼 책을 읽을 때는 지친 몸과 마음을 달래주는 것 같았다.

"오늘도 밤샘 작업을 했어. 잠시 쉴 겸 책이나 읽어볼까?"

오류네 씨는 밤새 연구한 뒤 휴식을 취하기 위해 어제 사두었던 책을 꺼내들었다. 딱딱한 연구실 의자가 아닌 편한 소파에 앉아 책을 읽기 시작했다. 하지만 오류네 씨는 책을 읽다가 이상한 부분을 발견했다.

"이건 잘못된 건데……."

과학에 대해 잘 모르는 사람이 쓴 책이라 그런지 오류네 씨가 집어든 책에서 과학적으로 이상한 부분이 있었던 것이다. 호기심을 빼면 시체인 오류네 씨는 작가와 출판사가 이 책에 과학적으로 잘못된 부분이 있는 걸 아는지 궁금해 했고 결국 출판사에 전화를 걸었다.

"저는 과학자 오류네인데요. 어제 산 이 책에서 과학적 오류를 발견했습니다."

"네? 과학적 오류요?"

"네, 이건 내용 자체가 잘못되었는데요."

오류네 씨는 전화를 받은 출판사 직원에게 어떤 점이 잘못되었고 어떻게 고쳐야하는지 자세히 얘기했다. 그 얘기를 들은 출판사 직원은 오류네 씨에게 고맙다는 말을 전했다.

"계속 뒀다가는 망신만 당할 뻔했네요. 고맙습니다."

"아닙니다. 그냥 발견한 것뿐인데요."

"실례가 되지 않는다면, 계속 이런 일을 해주시면 안 될까요?"

"네? 이런 일이요?"

오류네 씨는 출판사 직원의 갑작스런 부탁에 놀라서 다시 물었다.

"네. 과학과는 관련이 없는 작가들의 시나 소설을 읽으시고 혹시 발견되는 과학적 오류를 알려주시면 되는 겁니다."

출판사 측은 다시는 이런 일이 없도록 하기 위해서 오류네 씨에게 이런 일을 부탁했다. 오류네 씨는 잠시 망설였다. 아마추어지만 과학자로서 연구를 하던 것이 있었기 때문이었다. 하지만 이 일에도 많은 흥미가 있었다. 책을 읽는다는 것은 오류네 씨에게 제일 즐거운 일이었기 때문이다.

"네, 하겠습니다."

"그러면 책을 읽으시고 오류를 발견하시면 저희 출판사에 전화를 주시고 직접 작가에게도 알려주시면 됩니다."

이렇게 해서 오류네 씨는 책을 읽고 과학적으로 잘못된 곳을 찾아내는 일을 하게 된 것이었다. 이것도 과학에 관련된 일이고 자신도 책 읽는 것을 좋아하기 때문에 일석이조의 일을 하게 된다는 것에 오류네 씨는 만족했다. 그 이후로 오류네 씨는 계속 서점에 있었다. 그 일을 하는 데에 다양하고 많은 책을 읽어보기 위해서였다.

"어머, 또 오셨네요."

매일 서점에 출근하는 오류네 씨를 서점 직원이 모를 리가 없었다. 서점 직원은 항상 문을 열 때 와서 책을 읽기 시작해서 문을 닫을 때까지 책을 읽는 오류네 씨를 이상하게 여겼지만 별 큰일은 없었기 때문에 가만히 지켜보고만 있었다.

"오늘은 무슨 책을 읽을까……."

서점에 들어선 오류네 씨는 무슨 책을 읽을지 고민이었다. 대부분 읽고 싶었던 책을 읽었다. 그런데 그때 고민하고 있는 오류네 씨를 유심히 지켜보던 서점 직원이 다가와서 말했다.

"베스트셀러 책들 좀 둘러보세요. 재미있는 책이 많아요."

"아, 고맙습니다."

갑자기 다가온 서점 직원의 말에 오류네 씨는 놀랐지만 아직 뭘 읽을지 정해 놓지 않았기 때문에 직원의 말대로 서점 입구에 가장 가까운 곳에 진열되어 있는 베스트셀러 구간으로 갔다. 요즘 제일 잘나가는 책들만 모아놓은 곳이었다. 그때 오류네 씨의 눈에 들어온 책 한 권이 있었다.

"도구형 인간?"

오류네 씨는 〈도구형 인간〉이라고 표지에 크게 적힌 책을 꺼내들었다. 설명에 따르면 이 책은 출판계의 인기 소설가인 베셀러 씨가 쓴 새로운 책이었다. 인기 작가 베셀러 씨가 쓴 것이었기 때문에 〈도구형 인간〉은 출판되자마자 베스트셀러 책이 된 것이었다.

"오호라, 베스트셀러라. 읽어봐야겠어."

오류네 씨는 베스트셀러 구간에 있는 〈도구형 인간〉이란 책을 꺼냈다. 그리고 그 책을 들고 잠시 앉아서 읽을 수 있는 공간이 마련된 곳으로 가 자리를 잡고 책을 읽기 시작했다. 한 장 한 장 넘길 때마다 오류네 씨는 진지해질 수밖에 없었다. 재미를 위해서 읽는 것도 중요했지만 거기서 과학적 오류를 찾아내는 것이 가장 중요한 목적이었기 때문이다. 그때 오류네 씨는 읽는 것을 멈췄다.

"발견했어!"

마치 넓은 산에서 산삼을 찾아서 '심봤다'를 외치듯이 오류네 씨는 과학적으로 잘못된 부분을 발견하자 외쳤다.

'인간은 다른 동물들과 구별된다. 왜냐하면 인간만이 유일하게 도구를 만들어 사용할 줄 아는 동물이기 때문이다.'

오류네 씨는 이 문장에 오류가 있는 것 같았다. 앞뒤 문장을 다시 읽어도 이 문장은 틀림없이 오류가 있는 문장이었다. 그래서 오류네 씨는 우선 출판사에 전화를 하고 작가 베셀러 씨의 전화번호를 알아내서 베셀러 씨에게도 전화했다.

"안녕하세요. 베셀러 씨 전화죠?"

"네, 혹시 일정 때문이라면 우리 매니저에게 연락해주세요"

"아니요. 그것 때문이 아니라 제가 〈도구형 인간〉을 읽고 과학적 오류를 발견해서 그것에 대해 알려드릴려구요."

"과학적 오류요? 내 책에는 그런 건 없어요."

베셀러 씨는 책에 대한 말을 하자 끊으려던 전화를 다시 들었다. 과학적으로 잘못된 곳이라니, 베셀러 씨는 요즘 제일 잘나가는 이 책에 오류가 있을 리가 없다고 생각했다.

"인간이 유일하게 도구를 사용하는 동물이라는 표현 말이에요. 이 부분이 잘못되었습니다."

"말도 안 되는군요. 인간만이 도구를 사용하지 않습니까?"

"아니요. 도구를 사용하는 다른 동물들도 있습니다."

"자꾸 이럴 겁니까! 감히 요즘 제일 잘나가는 이 베셀러 작가를 무시하는 겁니까! 계속 이러시면 고소할 겁니다!"

"저는 그냥 과학적 오류를 알려드리는 겁니다. 사실을 확인해 보려면 생물법정에 물어봐도 됩니다."

베셀러 작가는 〈도구형 인간〉에 오류가 있다고 말하는 오류네 씨의 말을 인정하지 못하고 자신의 말이 맞다는 것을 증명하기 위해서 생물법정에 이 문제를 맡겼다.

갈라파고스 섬의 딱따구리 핀치는 선인장 가시를 부러뜨려 부리에 물고 그걸로 나무껍질의 갈라진 틈이나 구멍을 쑤셔서 곤충과 애벌레를 잡아먹습니다. 북태평양 연안의 해달은 커다란 돌로 먹잇감을 부숩니다.

인간만 도구를 사용할까요?

생물법정에서 알아봅시다.

재판을 시작하겠습니다. 최근 인기 있는 〈도구형 인간〉이라는 책의 작가인 베셀러 씨의 의뢰를 받은 사건입니다. 사건에 대한 변론을 들어보겠습니다. 원고 측 변론하십시오.

얼마 전 원고인 베셀러 씨는 〈도구형 인간〉이라는 책을 출판했습니다. 그런데 피고가 베셀러 씨의 책에 오류가 있다는 주장을 했습니다.

피고는 어떤 오류를 찾아낸 겁니까?

도구를 사용하는 것은 인간만의 능력이라는 책 내용이 틀렸다는 것입니다. 실제로 인간이 다른 동물들과 구별되는 가장 큰 특징은 도구를 사용할 줄 안다는 것입니다.

원고는 피고가 책 내용을 인정하지 않고 이대로 넘어가는 것을 그냥 둘 수 없어 피고의 주장이 틀렸음을 밝히고자 합니다.

피고 측에서는 원고의 책이 틀렸다고 주장하는 근거가 있습니까? 피고 측의 주장을 들어보겠습니다.

인간은 동물의 일부일 뿐이라는 사실을 받아들여야 했을 때 인간은 동물들 틈에서 자신의 예외적 위치를 정당화시켜 줄

특별한 것이 없을까 생각했습니다. 이 점에서 도구가 결정적인 역할을 했지요. 이렇게 해서 인간만이 도구를 사용할 수 있다는 주장이 나왔습니다. 하지만 그것은 인간의 욕심이라고 봅니다.

인간 이외의 동물들이 도구를 사용하나요?

그렇습니다. 인간을 제외한 다른 동물들의 도구 사용에 대해 설명하겠습니다. 도구 사용 연구소의 최능력 연구 팀장님을 증인으로 요청합니다.

증인 요청을 받아들이겠습니다.

어깨에 힘이 들어가고 목을 빳빳이 치켜든 50대 초반의 남성은 하얀 셔츠에 정장을 입고 증인석에 앉았다.

인간은 언제부터 도구를 사용했습니까?

인간의 역사를 살펴보면 석기시대에 최초의 도구를 사용한 문명의 흔적을 발견할 수 있습니다. 유인원 오스트랄로피테쿠스와 원시인들 사이의 경계선이 바로 이 부분에서 그어졌습니다.

'능력 있는 사람'이라는 뜻인 호모 하빌리스는 오랫동안 최초의 본격적인 인류이자 그 후에 나타난 모든 형태의 인류의 조상으로 여겨졌습니다. 호모 하빌리스의 화석과 함께 석기들이 발견되었기 때문이지요.

도구를 사용하는 것이 인간만의 능력인가요?

도구 사용이 비록 드물긴 하지만 인간에게만 국한된 일은 아닙니다. 교과서에서는 도구 사용이란 '어떤 직접적 목표를 달성하기 위해 신체의 기능적 확대를 위한 외부 물체의 이용' 이라고 되어 있습니다.

만약 이집트 대머리독수리 한 마리가 타조 알을 부수기 위해 알을 돌에 던진다면 도구를 사용한 게 아니지만 돌을 알에 던진다면 도구 사용이라고 할 수 있습니다. 코끼리가 나무에 대고 몸을 문지르면 도구를 시용한 것이 아니지만 막대기로 등을 긁으면 그 막대기는 도구가 됩니다.

도구를 사용하는 대표적인 동물들은 어떤 동물들이 있습니까?

도구 사용으로 유명한 동물은 갈라파고스 섬의 딱따구리 핀치입니다. 딱따구리 핀치는 선인장 가시를 부러뜨려 부리에 물고 그걸로 나무껍질의 갈라진 틈이나 구멍을 쑤셔서 곤충과 애벌레를 잡아먹습니다. 이 새가 도구를 사용할 뿐만 아니라 지능도 있다고 인정하고 싶을 정도입니다. 이런 행동은 본능적인 것만이 아니라 적어도 부분적으로는 학습 과정을 통해 습득한 행위입니다.

두 번째 동물은 북태평양 연안의 해달입니다. 해달은 바다

속에서 복족류, 조개와 성게류 등의 먹이를 찾는데 사냥하기도 힘든 먹잇감을 위해 한 가지 도구를 사용합니다. 앞발 사이에 숙달된 동작으로 커다란 돌을 끼고 해저에 단단히 붙어 있는 전복을 부수고 때로는 이 커다란 바다 복족류가 항복할 때까지 잠수와 부상을 여러 번 반복하기도 합니다. 조개를 먹을 때는 수면 위에 누워 헤엄을 치면서 돌을 배에 올려놓고 조가비가 부서질 대까지 먹잇감을 계속 돌에 대고 칩니다.

도구와 관련해서 원숭이를 뺄 수 없지 않습니까?

물론입니다. 아프리카에서 실시된 수년간의 연구들은 침팬지가 아주 다양한 도구를 사용하고 미리 생각도 한다는 사실을 입증했습니다.

인간이 유일한 도구 사용자가 아니라면 최소한 유일한 도구 제작자는 되지 않습니까?

어떤 물건을 자기가 계획한 기능을 수행할 수 있도록 목적에 맞춰 조작하는 것은 우연히 주위에 있는 물건을 그냥 이용하는 것보다 훨씬 더 큰 통찰력이 있음을 증명해 주기 때문에 도구 제작 능력을 가진 것이 유일하게 인간이라고 생각할 수도 있겠습니다.

하지만 침팬지 역시 그렇게 하고 있습니다. 침팬지는 나뭇잎을 똘똘 뭉치고 잘근잘근 씹어서 스펀지처럼 만들어 그걸로

오스트랄로피테쿠스

오스트랄로피테쿠스는 지금으로부터 800만 년 전에 나타나 160만 년 전에 사라진, 똑바로 서서 두발로 걷는 원시 인류다. 오스트랄로피테쿠스의 화석은 1924년 다트가 남아프리카공화국에서 최초로 발견했다.

나무가 뽑힌 자리에 생긴 구멍에서 물을 얻습니다. 또 침팬지는 나무 작대의 껍질을 꼼꼼하게 벗겨냅니다. 그냥 매끈한 가지를 쓰지 않고 이런 막대기를 쓰면 흰개미 집에서 흰개미들을 훨씬 더 잘 낚을 수 있기 때문입니다.

증언을 통해서 인간만이 유일한 도구 사용자이거나 제작자라고 생각하는 것은 아주 큰 오류임을 알 수 있습니다.

인간 스스로 조금은 특별해 지고 싶어 하는 심리에서 빚은 오류가 아닐까 합니다. 인간의 능력이 무한하다고 하지만 도구 사용으로 인간과 동물을 분류하는 것은 좋은 분류가 아닌 것 같습니다.

동물들도 자신들의 살아가는 방식들 속에서 도구를 제작, 사용하고 있습니다. 따라서 도구를 제작, 사용하는 것을 인간만이 할 수 있는 유일한 능력이라고 주장하는 것은 옳지 못합니다. 동물들도 충분히 필요에 의해 도구를 제작, 사용할 수 있다는 사실을 알았으므로 원고가 쓴 책의 내용을 수정하거나 출판을 중지시켜야 할 것입니다. 이상으로 재판을 마치겠습니다.

재판이 끝난 후, 자신의 책에 큰 자긍심을 가지고 있던 베셀러

씨는 당장 그 책의 출판을 중지했다. 그리고 오류가 없는 좋은 책을 쓰기 위해 많은 책들을 읽고 여행도 해가며 정보를 얻고 있다.

하마의 피땀

하마의 땀은 정말 피일까요?

과학공화국에서 요즘 가장 인기 있는 학회는 단연 동물 학회다. 동물 학회에서는 모두 동물을 좋아하는 사람들이 모여서 동물에 대해서 얘기를 하고 서로 의견을 주고받는 활동을 했다. 과학공화국의 주민들은 대부분 동물을 사랑하고 애완동물을 기르고 있었기 때문에 동물 학회는 많은 사람들이 관심을 가지고 있었다. 이 동물 학회에서 제일 활동을 열심히 하는 사람은 입만커 씨였다.

"동물은 자고로 직접 관찰하면서 연구해야지요."

여러 동물을 골고루 좋아하는 입만커 씨는 항상 이렇게 얘기했다. 동물만큼은 그냥 책을 보는 정도로 연구해서는 안 된다는 생각이었다. 그래서 입만커 씨는 항상 여러 동물을 찾아서 여행을 하면서 동물을 직접 보며 연구했다. 그러던 어느 날 입만커 씨는 직접 보고 싶은 동물이 떠올랐다.

"하마! 내가 하마를 연구 안 했지! 물에 살면서 입도 정말 큰 하마를 직접 보고 싶어!"

한번 떠오른 생각은 바로 실천으로 옮기는 입만커 씨는 그 주에 직접 하마를 보러 떠났다. 그냥 도시에서는 하마를 볼 수 없었기 때문에 저기 야생동물이 사는 곳으로 가야만 했다. 그래서 비행기를 타고 걷고 걸어서 결국 아프리카 사하라 사막 이남 나무가 우거진 곳 밑에 있는 강에 사는 하마를 발견했다.

"하마야! 여기 있었구나! 내가 얼마나 찾았다구!"

입만커 씨는 하마를 보기 위해 고생을 하면서 온 길이었기 때문에 하마를 보자마자 너무 반가웠다. 그래서 하마를 보자마자 반갑게 큰 소리로 인사했다. 그리고 이 하마를 혼자 보고 갈 수 없다는 생각이 들었다.

"아, 하마를 그냥 보고 갈 수 없지. 여기 캠코더로 찍어가야겠어."

입만커 씨는 가방에서 캠코더를 꺼냈고 물에서 나와 있는 하마를 찍었다. 그리고 가까이 보이지 않는 부분은 줌인을 해서 마치 가까이에서 찍는 것처럼 당겨 찍었다. 그런데 하마를 찍고 있던 입만커 씨가 이상한 걸 발견했다.

"뭔가 몸에서 적갈색 물이 조금 흐르는데?"

하마의 몸을 찬찬히 찍고 있을 때 하마의 몸에서 적갈색 물이 땀처럼 있는 것이었다. 입만커 씨는 자세히 보기 위해서 더 줌인을 해 당겨 찍었다. 정말 하마의 몸에서 땀이 흐르는데 땀이 그냥 땀이 아니었다.

"이건 분명히 땀인데, 색깔이 꼭 피 같아. 혹시 피로 땀을 흘리는 거 아니야?"

입만커 씨는 남들이 모르는 대단한 걸 발견한 것이라고 생각했다. 아무도 하마가 피로 땀을 흘린다고 생각하지 않고 있기 때문에 자신이 제일 먼저 발견한 것이었다.

"믿기지가 않아. 피로 땀을 흘리다니, 이걸 자세히 찍어서 얼른 동물 학회 사람들에게 얘기해 줘야겠어. 분명히 다들 놀라워 할 거야."

입만커 씨는 학회 사람들이 놀라워하는 표정을 상상하며 주로 하마가 흘리는 땀을 자세히 찍었다. 찍으면 찍을수록 정말 몸에서 피로 땀을 흘리는 게 분명하다는 확신이 들었기 때문에 입만커 씨는 만족하면서 다음 동물 학회모임에 참여했다. 역시 동물 학회 모임에서는 언제나 그랬듯이 많은 사람들이 모여 있었다.

"얼마 전 입만커 씨가 대단한 걸 발견했다고 합니다. 그럼 오늘은 입만커 씨의 발견에 대해서 들어보고 얘기를 나누는 시간을 가져보겠습니다."

동물 학회의 진행을 맡은 유메뚝 씨가 학회 사람들에게 말했다.

드디어 입만커 씨의 새로운 발견을 말할 시간이 다가온 것이다. 입만커 씨는 앞에 나와서 마이크를 잡았다. 그리고 천천히 자신의 발견에 대해서 얘기했다.

"저는 얼마 전에 하마를 관찰하고 왔습니다. 하지만 거기서 정말 대단한 발견을 하고 왔습니다. 그 발견은 일단 제가 녹화해 온 화면을 보시죠."

입만커 씨는 자신의 캠코더에 찍힌 것을 큰 화면에 나오도록 연결했다. 그리고 재생해 보니 화면에서는 입만커 씨가 열심히 찍었던 하마가 나왔다. 그리고 하마의 피부를 줌인해 보니 적갈색 땀이 흐르고 있었다. 이 모습이 나오자 입만커 씨는 일시 정지를 눌렀다.

"이 땀이 보이십니까? 그런데 색깔이 붉지요?"

"정말 그렇네요."

입만커 씨가 회원들에게 물었을 때 많은 회원들이 고개를 끄덕였다. 화면에서 붉은색이 적나라하게 보였기 때문에 부정하는 사람은 없었다.

"이것은 피입니다. 결국 하마는 피로 땀을 흘리는 것입니다!"

입만커 씨는 놀라워하는 사람들의 모습을 상상하면서 크게 얘기했다. 하지만 입만커 씨의 생각과 달리 학회에 있는 사람들은 모두 믿기지 않는다는 표정이었다.

"피로 땀을 흘린다는 말입니까?"

동물 중에서도 코끼리를 연구하는 학자인 코만커 씨가 입만커 씨에게 정말인지 물었다.

"네! 화면에서 보셨지 않았습니까, 분명 땀으로 흐르는 것은 피입니다!"

입만커 씨는 질문에 당연하다는 듯이 대답했다. 자신이 직접 하마를 보고 왔기 때문에 큰 확신이 있어서였다. 하지만 학회의 여러 학자들과 회원들은 다른 생각을 가지고 있는 듯했다.

"말도 안 됩니다! 피를 흘리다니요!"

"저도 그 의견에 동의할 수 없습니다! 피를 그렇게 땀으로 흘리면 하마의 피가 모자라겠습니다!"

여기저기 앉은 회원들은 말도 안 된다는 입장을 드러냈다. 피를 땀으로 흘린다는 것은 여전히 상식 밖의 일이었기 때문이다.

"제가 이렇게 찍어 왔지 않았습니까."

"그래도 항상 하마가 수혈이 필요한 것도 아니고, 피를 흘린다는 건 말도 안 됩니다!"

"아닙니다! 분명 피로 땀을 흘린다니깐요!"

자신의 말을 믿어주지 않는 학회 사람들 때문에 흥분한 입만커 씨는 코만커 씨의 반박에 더 큰 목소리로 대응하게 되었다. 그리고 이렇게 가다가는 싸움만 날 것 같자 코만커 씨는 새로운 방안을 제시했다.

"이렇게 입만커 씨가 의견을 굽히지 않는다면 저희는 이 문제를 법정에 보내겠어요!"

"좋아요! 저도 바라던 바입니다! 가서 제 의견이 맞는 걸 증명하겠습니다!"

이렇게 해서 입만커 씨가 주장한 '하마는 피로 땀을 흘린다'는 누구의 말이 옳은지 생물법정에서 확인하기로 했다.

하마의 땀에는 피에는 들어있지 않은 염분이 들어 있습니다.
또 혈액의 기본 구성 요소인 혈청과 혈장이 발견되지 않습니다.

하마의 땀이 정말 피일까요?

생물법정에서 알아봅시다.

재판을 시작하겠습니다. 하마가 땀을 흘린다고 하는데 색깔이 피와 비슷하다고 합니다. 그 땀의 정체가 무엇인지 알아보겠습니다. 생치 변호사 먼저 변론하십시오.

입만커 씨는 얼마 전 하마를 직접 촬영하고 돌아왔습니다. 하마를 촬영하는 동안에 하마에 대한 대단한 발견을 했습니다. 하마가 피를 흘린다는 것입니다. 하마가 특별히 피땀을 흘린 후에 특별히 수혈을 필요로 하지는 않지만 입만커 씨는 하마가 피를 흘리는 장면을 촬영했습니다. 촬영 장면을 본다면 누구나 하마가 피를 흘리는 것을 인정할 것입니다.

동물 학회 회원들은 입만커 씨의 촬영 장면을 보았을 텐데 하마가 피를 흘리는 것을 인정할 수 없다는 반응이군요.

그 점이 입만커 씨도 이해가 가지 않습니다. 분명 하마가 피를 흘리는 장면까지 촬영을 해왔는데 왜 믿지 않는 겁니까? 판사님께서 변론을 들어보시면 입만커 씨의 주장을 인정하실 겁니다. 그러면 동물 학회에서도 입만커 씨의 주장을 받아들일 것입니다.

동물 학회에서는 입만커 씨의 주장을 왜 받아들이지 못하는 건가요? 하마가 피를 흘리지 않는다고 주장하는 근거가 있습니까?

하마에 대한 변론을 위해 동물 학회에서 하마 연구를 15년 동안 해오고 계신 최강입 박사님을 증인으로 요청합니다.

증인 요청을 받아들이겠습니다.

엉덩이가 너무 무거워 걸음걸이가 뒤뚱거리고 힘겨워 보이는 50대 초반의 남성은 하품을 계속 하면서 증인석에 앉았다.

하마는 더위와 추위에 잘 견딥니까?

하마는 피부가 아주 두껍습니다. 따라서 열에 대한 체온 변화가 적어 아무리 더워도 견딜 수 있습니다.

하마도 땀을 흘리나요?

물론입니다. 하마도 사람처럼 땀을 흘려서 몸의 온도를 낮추지요.

사람의 땀과 비슷한가요?

사람의 땀은 주로 물이지만 하마의 땀은 핏빛을 띠고 끈적끈적하지요.

하마의 땀에 어떤 성분이 있는지는 연구하고 있습니까?

아직 한 번도 없습니다.

하마의 땀을 화학적으로 분석하면 하마 연구에 도움이 될 것인데 왜 아직 연구를 한 적이 없는 겁니까?

누가 감히 땀 흘리는 하마 곁으로 다가가겠습니까? 하마는 사자, 코끼리, 물소를 합한 것보다 더 많은 사람들의 목숨을 앗아가기 때문에 감히 다가가지 못합니다. 하지만 하마의 땀이 핏빛을 띠고 있다고 해도 그것이 피가 아니라는 것은 분명합니다.

어떻게 단정하죠?

하마에게 마취 총을 쏴서 잠든 하마의 피와 하마의 몸에 묻은 핏빛 색깔의 땀 성분을 비교해 보았습니다. 그 결과 하마의 땀에는 피에는 들어 있지 않은 염분이 들어 있다는 것을 알아냈습니다. 그리고 하마의 땀에서는 혈액의 기본 구성 요소인 혈청과 혈장이 발견되지 않았어요. 따라서 하마의 땀은 그 색깔이 우연히 피의 색깔이지만 피는 아니라는 거지요.

그렇군요.

판결하겠습니다. 하마가 흘리는 땀은 피가 아닌 것으로 판단되며 하마는 피를 흘릴 일이 거의 없을 것 같습니다. 하마가 흘리는 빨간색 땀에는 자외선을 차단하고, 세균 번식을 막는 성분이 있다고 합니다. 탁하고 끈끈한 땀이 선크림처럼 자외선을 흡수해서 피부에 스며드는 것을 차단합니다. 또 이 땀은

강한 산성으로 상처가 곪는 것을 막아주기도 합니다.하마에 대한 신비로운 발견을 한 입만커 씨가 하마가 흘리는 핏빛의 땀이 피가 아니라는 결론에 실망했을지 모르지만 연구를 더 해서 다음에 더 새로운 발견을 하는 것이 좋을 것 같습니다. 이상으로 재판을 마치겠습니다.

재판이 끝난 후, 하마가 흘리는 땀이 피가 아니라는 것을 안 입만커 씨는 크게 실망했다. 하지만 아직도 하마에 대해 알고 싶은 것이 많았기에 이에 굴하지 않고 더 열심히 연구해서 사람들이 모르는 하마에 대한 새로운 사실을 꼭 발견하고 말겠다고 다짐했다.

하마

하마는 아프리카의 호수나 강에 사는데 몸길이가 보통 4m 이상이고 몸무게가 3t(톤) 이상인 거대한 동물이다. 하마의 눈과 콧구멍은 튀어나와 있고 물속에 들어갈 때 숨을 쉴 수 있도록 물 밖에 내 놓는다.

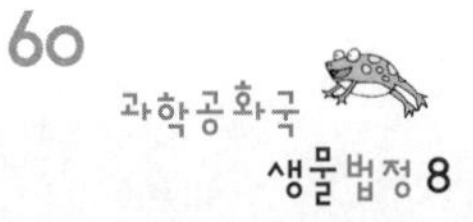

타이온과 라이거의 출생 비율

타이온과 라이거의 출생 비율에는 차이가 있을까요?

동물을 연구하는 연구소가 있었다. 이곳은 동물원에서는 볼 수 없는 동물들을 연구하는 곳이다. 지금 이곳은 라이온과 타이거를 연구하고 있다. 거의 연구의 막바지에 다다랐을 때 연구소 소장인 나대장 씨는 생각했다.

'항상 이렇게 보던 동물만 연구하니깐 재미가 없는걸. 색다른 건 없을까?'

언제나 새로운 것을 추구하던 연구소 소장 나대장 씨였기 때문에 했던 연구를 반복하고 싶지 않았다. 그래서 색다른 걸 연구해 보고 싶었고 결국 사람들이 한 번도 못 본 것을 만들어 내고 싶다는 생각까지 들었다.

'그래, 색다른 동물을 만들어 내는 거야. 가령 라이온과 타이거를 섞어서 새로운 동물을 만들어 내는 거지!'

나대장 씨는 한창 라이온과 타이거를 연구하고 있었기 때문에 이 동물들에게 관심이 갔고 이 동물들을 섞어서 새로운 동물을 만들어 내자는 생각을 했다. 그래서 이 연구를 연구소에서 일하는 연구원들과 함께 진행하기로 했다. 그래서 연구소에서 일하는 연구원들 중에 몇 명을 불렀다.

"소장님, 부르셨습니까?"

"아, 내가 자네들을 부른 것은 우리가 새로운 프로젝트를 실행시키면 어떨까 해서네."

"새로운 프로젝트요?"

모인 연구원들은 새로운 프로젝트라는 소리에 관심을 보였다.

"그래, 사람들이 한 번도 보지 못한 동물을 만들어 내는 프로젝트라네."

"하지만 그것은 유전자부터 새로 만들어 내야 해서 저희에겐 역부족이 아닐까요?"

아예 새로운 동물을 만들어 낸다는 것은 이 연구소에 있는 연구원들의 힘으로는 하기 힘든 일이었다. 그래서 그것을 아는 한 연구원이 미리 얘기를 했다. 그러자 그 소장인 나대장 씨는 연구원들에게 자신의 프로젝트에 대해서 자세히 설명했다.

"아니, 완전히 새로운 동물을 만들어 보자는 게 아니라 두 동물을 섞어 보는 것일세. 가령 우리가 얼마 전에 연구를 끝낸 라이온과 타이거를 섞는 것처럼 말일세."

"그렇다면 가능할 수도 있겠는데요."

두 동물을 섞는 것은 연구원들이 한번 해볼 만한 일이었다. 그리고 이렇게 색다르고 새로운 프로젝트에 연구원들은 대부분 참여하겠다고 의사를 밝혔다. 이렇게 도전적인 프로젝트에 참여할 수 있는 것만으로도 연구원들은 벌써 가슴이 벅찼다.

"그럼 이 프로젝트에 다 참여한다는 얘기지?"

"네, 해보겠습니다!"

나대장은 연구원들이 모두 참여한다는 얘기에 새 프로젝트를 할 수 있게 되어 기뻤다. 드디어 새로운 동물을 만들어 내는 것이라는 생각에 벌써부터 설레기도 했다.

"아, 이 프로젝트를 두 팀으로 나눠서 하려고 생각해."

"두 팀으로요? 어떻게 나눈다는 말씀이죠?"

"응. 타이거 수놈과 라이온 암놈 사이에서 나오는 타이온을 만드는 팀. 그리고 라이온 수놈과 타이거 암놈 사이에 나오는 라이거를 만드는 팀. 이렇게 두 팀으로 나눠서 따로 프로젝트를 진행할 거야."

"아~ 네, 좀 더 다양하게 연구를 하기 위해서군요."

"그래, 그럼 각각 팀을 나누고 어서 프로젝트를 실행하자구!"

이렇게 해서 프로젝트는 시작되었다. 연구원들이 연구를 하고 프로젝트를 실행하는 동안 나대장 씨는 연구하는 모습을 지켜보면서 잘못된 부분이 있으면 조언도 해 주고 힘든 부분이 있으면 도와주었다. 대부분 연구원들의 힘으로 만드는 것이었다.

어느 정도 날짜가 가고 나대장 씨는 프로젝트가 어떻게 진행되고 있는지 궁금해서 라이온 수놈과 타이거 암놈 사이에서 나오는 라이거를 맡은 팀에게 갔다.

"라이거 팀은 잘되고 있나?"

"네! 생각대로 척척 잘 진행되고 있습니다."

"오, 그런가? 역시 생각대로 잘하고 있구만."

빠르게 진행되는 라이거 팀을 보면서 나대장 씨는 흐뭇해하고 있었다. 그러면서 타이온 팀을 살펴보았다. 가자마자 타이온 팀 연구원들의 얼굴 표정이 좋지 않은 것을 발견했다.

"타이온 팀은 왜 이렇게 얼굴 표정이 좋지 않나?"

"생각만큼 쉽게 되지 않습니다."

"쉽게 되지 않다니? 무슨 소리인가?"

"과정은 라이거 팀과 비슷하지만 결과적으로 타이온이 잘 만들어지지 않습니다."

"과정을 다시 검토 해보고 좀 더 연구를 하게나."

나대장 씨는 잘 진행되는 라이거 팀과는 달리 시간도 오래 걸리고 연구도 느린 타이온 팀을 걱정하면서도 제대로 연구를 하지 못하는 것 같아 연구원으로서 타이온 팀의 자질을 의심하였다. 그때

마침 라이거 팀원 가운데 한 명이 다가왔다.

"소장님, 저희가 드디어 라이거를 만드는 일에 성공했습니다!"

"정말인가!? 대단하군, 잘했어!"

라이거 팀은 라이거를 만드는 것에 성공해서 소장에게 알려주려고 온 것이었다. 나대장 씨만큼이나 라이거 팀은 자신들이 이룬 쾌거에 빠져 있었다. 하지만 그 시간에도 타이온 팀은 타이온을 만들어 내기 위해 연구 중이었다. 라이거와 달리 타이온은 생각만큼 잘 생기지 않았다. 그래서 타이온 팀은 나대장 소장에게 항상 실패했다는 얘기만 들려주었다. 그렇게 며칠이 지나도 역시나 타이온을 실패했다는 얘기를 듣자 나대장 소장은 실망했다. 그래서 타이온 팀을 불렀다.

"이번에도 실패했다고?"

"네. 타이온이 잘 생기지 않습니다."

"흠…… 그것은 연구원 자네들의 실력에 문제가 있는 것은 아닌가?"

"네?"

"라이거는 한 번 만에 생겼는데 타이온만 아직인 걸 보면 그런 것 같은데?"

"아닙니다. 저희는 최선을 다해……."

"어쩔 수 없네. 나는 이 프로젝트를 통해서 자네들이 연구원으로서 실력이 없다고 생각했네. 그래서 타이온 팀을 모두 해고하기로 결정했네."

나대장 소장은 많은 생각 끝에 얘기를 하고야 말았다. 연구를 성공시키지 못한 타이온 팀에 대한 실망이 섞인 판단이었다.

"이 프로젝트 하나로 해고라니요. 말도 안 됩니다."

타이온 팀은 갑작스럽게 해고 소식을 들었다. 타이온 팀도 라이거 팀만큼 열심히 연구하고 프로젝트를 진행시켰지만 쉽사리 타이온이 생기지 않은 것인데, 그것 때문에 해고를 당한다는 것은 타이온 팀에게 억울한 일이 아닐 수 없었다.

"저희는 정말 최선을 다했습니다."

"어쩔 수 없네. 미안하네."

"억울하게 이렇게 해고당할 수는 없습니다! 그럼 저희를 해고하신 소장님을 고소할 겁니다!"

결국 해고 위기에 처한 타이온 팀이 반발하기 위해 소장인 나대장 씨를 생물법정에 고소했다.

사자와 호랑이는 같은 고양이과 동물이라 염색체가
38개로 같고 계통이 매우 가깝기 때문에 교배가 가능합니다.

타이온이 태어나는 일이 너무도 힘든 일일까요?

생물법정에서 알아봅시다.

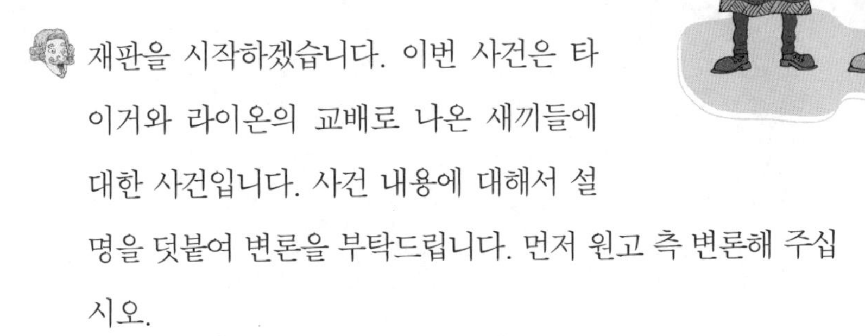

재판을 시작하겠습니다. 이번 사건은 타이거와 라이온의 교배로 나온 새끼들에 대한 사건입니다. 사건 내용에 대해서 설명을 덧붙여 변론을 부탁드립니다. 먼저 원고 측 변론해 주십시오.

연구팀은 타이거와 라이온의 교배를 두 팀으로 나누어서 진행하였습니다. 타이거 수놈과 라이온 암놈 사이에서 나오는 타이온을 만드는 팀과 라이온 수놈과 타이거 암놈 사이에 나오는 라이거를 만드는 팀으로 나누었는데요. 실제로 타이온은 만들어지기가 정말 힘이 듭니다.

라이거는 별 무리 없이 만들어 졌다고 들었는데 왜 타이온은 만들어 지기가 힘이 든 것입니까?

타이온은 타이거의 수놈과 라이온의 암놈으로 교배를 한 것인데 교배가 이루어지지 않기 때문이 아닐까 합니다.

라이거가 태어날 수 있는 것은 교배가 가능하기 때문인데 수놈과 암놈이 바뀌었다고 교배가 일어나지 않는 것은 이해가 되지 않습니다.

연구팀은 연구를 게을리 하지 않았습니다. 라이거가 만들어진 것처럼 타이온이 만들어지는 것이 별 문제없다면 타이온 연구팀이 라이거 연구팀과 같은 방법으로 교배를 했을 때 타이온도 교배에 성공해야 합니다. 하지만 타이온 연구팀은 특별한 실수 없이 교배에 실패하였습니다. 이것은 분명 교배 자체가 불가능하다고 판단 내릴 수 있습니다. 타이온을 교배하는 것은 불가능하다는 것을 주장합니다.

교배에 성공할 수 있느냐의 여부는 유전자와 관련된 것이 아닐까 합니다. 같은 종으로 유전자가 동일하다면 교배가 가능하겠죠?

그렇습니다. 라이거가 태어날 수 있었던 것은 유전자 개수가 같기 때문입니다. 이와 마찬가지 이유로 타이온도 태어날 수 있습니다.

피고 측은 타이온이 태어날 수 있는데 못 태어났기 때문에 교배에 문제가 있었다고 생각합니까?

그렇습니다. 라이거는 라이온 수놈과 타이거 암놈 사이에서 태어날 수 있는 새끼고 타이온은 이와 반대로 타이거 수놈과 라이온 암놈 사이에서 태어날 수 있는 새끼입니다. 라이거가 태어날 수 있다면 이와 별다를 것 없이 타이온도 충분히 태어날 수 있습니다.

그렇게 판단하는 이유는 무엇입니까?

라이거와 타이온에 대한 설명을 상세하게 해 주실 증인을 모셨습니다. 증인은 피고인 동물 연구소의 나대장 소장입니다.

증인요청을 받아들이겠습니다.

나대장 소장은 증언을 위한 라이거와 타이온에 대한 자료를 한 묶음 손에 들고 증인석에 앉았다.

라이거와 타이온 중에 태어나기 힘든 것은 무엇입니까?

둘 다 확률적으로 비슷하게 태어날 수 있습니다. 일반적으로 사자와 호랑이는 같은 고양이과 동물이라 염색체가 38개로 같고 계통이 매우 가깝기 때문에 교배가 가능합니다.

라이거와 타이온의 특징은 어떻습니까?

라이거는 다른 수사자나 수호랑이보다 테스토스테론 호르몬의 분비가 적어 다른 사자호랑이보다 온순한 편입니다. 세계에서 가장 거대한 고양이과 동물이 라이거 누크(NOOK)입니다. 몸무게는 정확히 재기 힘들어서 544kg에서 725kg까지 추측되고 있습니다. 타이온은 다른 말로 타이곤이라고도 합니다. 타이온은 왜소증을 띱니다. 라이거는 500kg까지 자랄 때도 있는 반면 타이온은 수컷이 160kg, 암컷이 145kg에 불과했습니다. 또한 타이온은 암에 잘 걸리며 시베리아호랑이 수컷과 타이온 암컷이 같은 우리에서 지내자 타이온이 탄생

하기도 했습니다.

라이거와 타이온은 둘 다 충분히 태어날 수 있는 새끼들이군요. 그런데 왜 연구팀은 타이온을 교배를 통해 만들어내지 못한 것일까요?

라이거와 타이온은 둘 다 만들어 낼 수 있습니다. 타이온을 만들어 내지 못한 이유는 라이온과 타이거 사이에 유전자적 문제가 없다면 연구원들의 실수나 다른 요인들에서 그 원인을 찾을 수밖에 없습니다.

결국 연구원들 내부의 문제라고 볼 수 있다는 결론이 나는군요. 안타깝지만 연구원들의 능숙하지 못한 기술로 책임을 돌릴 수 있다고 판단됩니다. 연구원들의 책임이 아니라고 주장하려면 연구원들은 다른 요인들이 타이온을 만들지 못한 원인이라는 증거를 밝혀내야 할 것입니다.

양 측의 변론을 들어본 결과 타이온을 만들어 내는 것이 불가능한 일이라고 판단할 근거는 없습니다. 타이온은 유전적으로 태어날 수 있는 잡종이며 타이온이 만들어지는 데 실패를 거듭한 원인은 유전적인 문제가 아니라 연구원들의 기술적 문제나 다른 요인으로 보아야 합니다. 따라서 원고는 피고에 의해 해고되지 않을 타당한 이유를 제시하지 않는다면 해고를 막기가 힘들 것 같습니다. 이상으로 재판을 마치겠습니다.

재판이 끝난 후 해고를 면치 못하게 된 타이온 팀은 마지막으로 며칠만 기회를 더 달라고 했다. 그러자 나대장 소장은 일주일만 기회를 더 주기로 하고 일주일을 기다렸다. 그러자 놀랍게도 타이온을 만들 수 있는 방법을 찾게 되었다. 상황이 절박해지자 팀원들이 물불을 가리지 않고 연구한 탓이었다. 결국 타이온 팀은 해고되지 않았고 얼마 후 예쁜 타이온 새끼를 볼 수 있었다.

호랑이는 몸집이 큰 고양이류로서 힘과 포악성에 있어 사자에 버금가는 포유류다. 호랑이는 유라시아 북부에서 생겨나 남쪽으로 이주한 것으로 과학자들은 생각하고 있다. 현재는 러시아의 시베리아 지방에서 중국, 인도, 동남아시아의 일부 지역에 걸쳐 분포한다.

과학성적 끌어올리기

돌고래는 과거 네 발 육상 동물이라는 증거 발견

일본 과학자들은 청백 돌고래에서 뒷다리가 퇴화한 것으로 보이는 추가 지느러미가 발견됨에 따라 돌고래가 네 발 달린 육상 동물이었다는 사실을 증명하게 됐다고 밝혔다.

가츠키 고래 박물관장은 '청백 돌고래에서 발견된 추가 지느러미는 앞 지느러미보다 훨씬 작은 크기로 사람 손바닥만 했으며 꼬리 아래쪽에 자리 잡고 있다' 며 '과거에 생포한 돌고래에서도 돌기를 발견한 적이 있으나 이 청백 돌고래에서처럼 좌우대칭으로 잘 발달한 지느러미가 발견된 것은 처음' 이라고 말했다.

이에 대해 도쿄 고래 연구학회 자문가인 세이지도 현지 텔레비전으로 방영된 기자 회견을 통해 '청백 돌고래에서 발견된 지느러미는 고래가 육상 동물이었다는 사실의 산 증거이자 유례없는 대발견' 이라고 평가했다.

돌고래를 비롯한 고래가 500만 년 전에는 하마 및 사슴과 동일한 뿌리를 가진 네 발의 육상 동물이었다는 사실은 화석을 통해 밝혀진 바 있다.

과학성적 끌어올리기

척추동물

동물은 척추가 있는 척추동물과 척추가 없는 무척추동물로 나뉘고 척추동물은 포유류, 어류, 양서류, 파충류, 조류로 나뉩니다. 각각에 대해 설명해보죠.

포유류 : 정온동물(체온이 일정한 동물)이며 새끼를 낳고 젖으로 새끼를 키웁니다. 표면에는 털이 있으며 폐로 호흡합니다. 사람, 개, 박쥐, 두더지, 다람쥐, 호랑이, 사자, 원숭이 등이 포유류입니다.

어류 : 변온동물(체온이 변하는 동물)이며 알을 낳고 일생 동안 아가미로 호흡합니다. 표면은 비늘로 덮여 있고 붕어, 고등어, 광어, 상어, 참치, 연어 등이 어류입니다.

양서류 : 변온동물이며 알을 낳고 어릴 때는 아가미로, 성장하면 폐로 호흡합니다. 표면은 미끈하고 개구리, 두꺼비, 도롱뇽 등이 양서류입니다.

파충류 : 변온동물이며 알을 낳고 폐로 호흡하고, 몸은 비늘로 덮여 있습니다. 뱀, 도마뱀, 거북 등이 파충류입니다.

조류 : 정온동물이며 알을 낳고 앞다리는 날개로 변하였습니다. 닭, 참새, 부엉이, 꿩 등이 조류입니다.

과학성적 끌어올리기

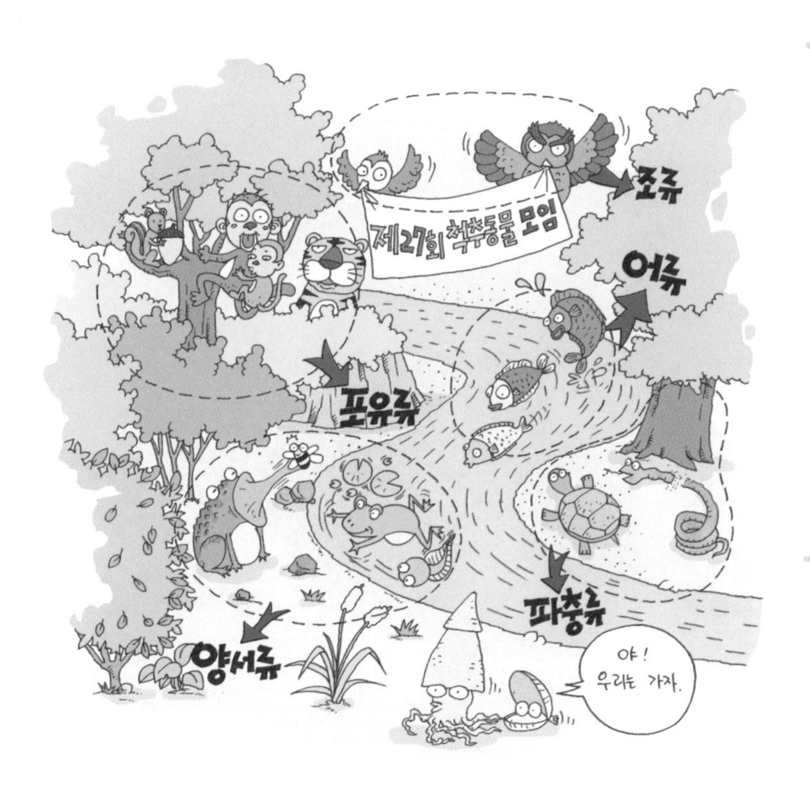

제2장

동물과 환경에 관한 사건

뱀 – 색이 변하는 뱀

개구리 – 개구리가 겨울잠을 자나요?

사자 – 대머리 젊은 사자

돼지 – 돼지가 더럽다고요?

물고기 – 물고기 이빨 가는 소리에 잠 못드는 밤

비버 – 비버 때문에 물고기가 줄었잖아요.

도마뱀 – 도마뱀 싸움 대회

색이 변하는 뱀

색이 변하는 뱀이 있을까요?

뱀을 너무 좋아해서 집에서 뱀을 키우는 스네크 군이 있었다. 앉으나 서나 뱀 생각에 집에서도 학교에서도 온통 뱀 이야기밖에 하지 않을 정도였다. 그러던 어느 날 같은 반 친구인 세이플이 스네크 군에게 말을 걸었다.

"스네크, 너희 집에 뱀을 키운다면서? 소문이 자자하던데."

"응. 뱀이랑 살고 있어."

"어떤 뱀을 키우는데?"

"아나콘다까지 다 키우고 싶지만 아직 그냥 가게에서 산 뱀들만 키워."

"아~ 그렇구나. 우와, 난 뱀 한 번도 본 적 없는데……."

"그럼, 우리 집에 놀러올래? 내가 우리 뱀들 구경시켜 줄게."

"그래도 되는 거야? 그럼 나야 고맙지."

이렇게 해서 세이플은 스넥크 군의 집에 같이 갔다. 세이플이 집 안에 발을 들여놓자마자 뱀들은 스믈스믈 세이플 발 쪽으로 몰려들었다

"어머! 놀라라!"

"괜찮아. 인사하는 거야."

스넥크 군은 집안 여기저기서 놀고 있던 뱀들을 꺼내 세이플에게 보여줬다. 스넥크 군이 키우는 뱀들은 모양과 굵기, 색깔 모두 제각기 다른 모양이었다. 세이플은 점점 뱀에 대해서 관심을 가지기 시작했다.

"이 뱀은 색깔이 참 예쁘다."

"그렇지? 나도 색깔이 이뻐서 산거야. 대부분 색깔별로 모으거든."

"예쁘다~ 더 예쁜 색깔은 없을까?"

"그럼 내가 자주 가는 뱀 가게에 한번 가보자."

세이플은 스넥크 군과 마찬가지로 예쁜 뱀의 색깔에 빠졌고 둘은 스넥크 군이 자주 가는 뱀 가게에 가서 뱀을 더 구경하기로 했다.

"어머, 스넥크 군이구나, 어서와."

"친구에게 뱀 구경 시켜주려고 왔어요."

스넥크 군의 집에 있는 뱀들은 대부분 이 가게에서 산 것이었고

또 스네크 군은 집에 가는 것만큼이나 이 뱀 가게에 자주 오기 때문에 주인아주머니와는 아주 친한 사이였다. 가게에 들어서자 유리 안에 있는 뱀들이 한 벽면을 채우고 있었다. 모두 스네크 군을 알아보듯이 고개를 들고 스네크 군을 쳐다보는 것 같았다.

"우와, 정말 31아이스크림처럼 골라보는 재미가 있다."

"물론이지, 모두 하나하나 자세히 보면 다 색깔이 이뻐."

"이 뱀 색깔이 제일 이쁘네."

여러 종류의 뱀을 구경하던 세이플 군은 유리 제일 안쪽의 적갈색 뱀을 가리켰다.

"어라, 이거 못 보던 뱀이네. 아주머니! 이 뱀 새로 들어온 거예요?"

"아, 얘기해 준다는 걸 깜빡했네. 마침 어제 저녁에 들어온 거야."

다른 뱀을 정리하고 있던 아주머니가 멀리서 소리쳤다. 그 뱀은 스네크 군도 아직 한 번도 보지 못했던 뱀이었다. 미끈한 몸에 적갈색이 너무 잘 어울리는 뱀이었는데 아직 스네크 군 집에도 적갈색 뱀은 없던 터라 그 뱀에게 눈을 떼지 못하고 있었다. 그때 정리를 끝낸 가게 주인아주머니가 스네크 군이 있는 쪽으로 왔다.

"색깔 예쁘지? 특별히 스네크 군이 좋아할 것 같아서 따로 넣어놨어."

"이런 색 뱀은 처음이에요."

스네크 군은 아주머니와 얘기를 하는 중에도 눈은 적갈색 뱀에게 고정시키고 있었다. 스네크 군이 이 뱀에 빠져든 것을 눈치 챈 아주머니는 스넥크 군에게 뱀을 싸게 사가라고 했다. 물론 스넥크 군이 뱀을 얼마나 좋아하는지 알고서 한 얘기였다.

"내가 우리 스넥크 군이니깐 싸게 해줄게. 가져갈래?"

"제가 가져가도 돼요?"

"물론이지. 우리 단골손님인데."

이렇게 해서 스넥크 군은 세이플이 다른 뱀을 구경할 동안 적갈색 뱀을 샀다. 비록 이번 달 용돈이 한꺼번에 나가는 일이 생겼지만 혼자 '1달란의 행복' 이라도 찍을 작정으로 모든 용돈을 이 뱀에 투자했다. 그렇게 스넥크 군은 가게에서 세이플과 헤어지고 적갈색 뱀과 함께 집으로 왔다. 가게에서 많은 시간을 보내버려서 그런지 집에 들어오니 거의 저녁이었다.

"이 적갈색 뱀을 어디다 둔담……."

저번에도 새로운 뱀을 막 사왔을 때 그냥 풀어 두었다가 밤새 다른 뱀들과 싸워서 상처를 입은 적이 있었다. 스넥크 군은 그 일이 생각나 오늘 밤에는 다른 뱀들과 따로 둬야겠다고 생각했다. 그러나 뱀은 스믈스믈 여기저기 다 잘 다니기 때문에 어디 틈이 있는 곳에 두면 안 되었다. 그때 베란다에 있는 양동이가 보였다.

"뱀아. 미안하지만 오늘 밤에는 여기서 자렴. 안 싸우게 되면 풀어줄게."

할 수 없이 뱀을 두고서는 그 위로 양동이를 거꾸로 뒤집어 덮었다. 결국 적갈색 뱀은 양동이 안에서 깜깜한 밤을 지내야만 했다.

다음날 아침에 스넥크 군은 일어나자마자 어제 산 적갈색 뱀을 보기 위해서 양동이를 들었다.

"어! 적갈색 뱀은 어디가고 왜 백사가 있어?"

양동이를 들자마자 답답한 듯 빠져 나간 것은 분명 적갈색 뱀이 아니라 백사였던 것이다.

분명 틈새 하나 없는 양동이이기 때문에 뱀이 바뀌었을 리 없다고 생각한 스넥크 군은 뱀을 아예 잘못 산 것이라고 생각했다.

"아무래도 잘못 산 것 같애. 가게에 가져가 봐야겠어!"

스넥크 군은 백사가 된 뱀을 가지고 어제 뱀을 샀던 가게로 갔다.

"스넥크 군, 아침부터 왔네."

"아주머니, 이 뱀 제가 잘못산 것 같아요."

"그게 무슨 말이야?"

"이것 보세요. 어제 사갈 땐 분명 적갈색이었는데 오늘 보니깐 흰색이잖아요."

"아~ 그거? 원래 이 뱀은 색이 변해."

"네? 그런 뱀이 어디 있어요?"

"아니야~ 정말이야."

"이거 뱀이 원래 아픈 거 아니에요? 그래서 색 변한다고 거짓말 하시는 거 아니에요?"

"원래 색이 변하는 거라니깐~!"

뱀 가게 주인은 자꾸 이 뱀은 원래 색이 변하는 거라고 주장했다. 스네크 군은 뱀 가게 주인이 병든 뱀을 속임수로 파는 것이라고 생각해 생물법정에 고소했다.

카푸아스 진흙뱀은 백사로 변신할 수 있는
능력을 갖고 있습니다.

여기는 생물법정

카멜레온처럼 색이 변하는 뱀이 있을까요?

생물법정에서 알아봅시다.

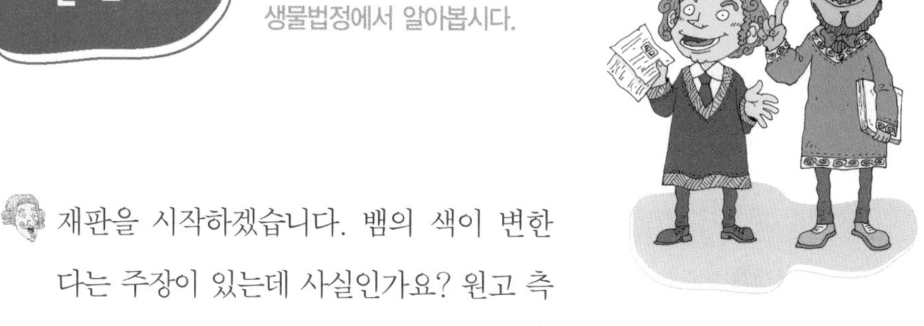

재판을 시작하겠습니다. 뱀의 색이 변한다는 주장이 있는데 사실인가요? 원고 측 변론해 주십시오.

우리에게 잘 알려진 카멜레온은 여러 가지 색으로 변합니다. 카멜레온처럼 몇 가지 동물들은 색이 변하는 특징을 가지고 있습니다. 이런 동물들의 색이 변하는 것은 보호 본능으로 몸을 주위의 색과 비슷하게 함으로써 자신들을 잡아먹는 동물들에게서 스스로를 보호하려는 것입니다. 하지만 뱀은 약한 동물의 분류에 속하지 않습니다. 뱀이 색이 변할 이유도 별로 없으며 지금까지 색깔이 변하는 뱀을 본 적이 없습니다. 따라서 피고가 원고에게 판매한 뱀이 색이 변한다는 것은 거짓이라고 주장하는 바입니다.

실제로 피고의 뱀은 색이 변했습니다. 그렇다면 피고의 뱀이 색이 변한 것은 무엇 때문인가요?

정상적인 뱀이라면 색이 변하지 않았을 것입니다. 뱀의 색이 변했다면 그것은 분명 뱀이 아픈 까닭입니다. 사람도 아프면 얼굴색이 창백해지듯이 뱀도 병이 들어 아플 경우엔 색이 점점 변해갈 수 있으니까요.

뱀이 아파서 색이 변한다고요? 원고 측 주장에 대해 피고 측 변론하십시오.

원고가 구입한 뱀은 아픈 뱀이 아닙니다.

아픈 뱀이 아닌데 색은 왜 변했죠?

물론 피고의 말처럼 색이 변하는 뱀입니다.

피고의 뱀이 원래 색이 변하는 뱀이라는 것을 입증할 만한 증거가 있습니까?

피고의 뱀에 대해 설명해 주실 증인을 모셨습니다. 뱀 생태학 연구소의 나유연 박사님을 증인으로 요청합니다.

증인 요청을 받아들이겠습니다.

뱀 무늬 코트를 입고 뱀 무늬 구두를 신고 약간 번들거리는 이마를 가진 50대 중반의 남성은 뱀처럼 미끄러지듯이 증인석으로 걸어왔다.

증인은 뱀에 대해서 많은 것을 알고 있겠지요? 최근 새롭게 관심을 받고 있는 뱀이 있습니까?

요즘 최고의 인기를 끌고 있는 뱀은 얼마 전에 발견된 카멜레온 뱀입니다.

카멜레온 뱀이 발견되었다고요?

그렇습니다. 카멜레온 뱀은 세계 자연보호 기금 소속 과학자들에 의해 인도네시아 보르네오 섬 밀림 지역에서 발견되었습니다. 카멜레온 뱀이 발견된 보르네오 밀림 지역은 지난 10년 동안 350종류의 새로운 동식물 종이 발견된 장소며 '카푸아스 강'에서 발견되었다고 해서 '카푸아스 진흙뱀'이라는 이름을 붙였습니다.

카푸아스 진흙뱀은 어떤 뱀입니까?

카푸아스 진흙뱀은 약 0.5m의 길이로 습지에 사는 독이 있는 뱀으로서 주로 쥐를 잡아먹고 살았으며 가끔은 물고기도 먹이로 삼았을 것이라고 추정됩니다. 특히 이 뱀이 주목을 받고 있는 이유는 놀라운 능력을 가지고 있기 때문입니다.

놀라운 능력은 어떤 능력입니까?

카푸아스 진흙뱀의 놀랄 만한 능력은 적갈색이었던 뱀이 어두운 양동이에 들어간 지 수 분 후가 지나면 '백사'로 변신한다는 것입니다. 과학자들은 카푸아스 진흙뱀의 변신 능력에 대한 연구를 계속 실시할 계획인데 지금까지 카멜레온처럼 색깔을 바꿀 수 있는 뱀은 보고된 적이 없었습니다.

카푸아스 진흙뱀의 색깔이 변하는 능력은 더 많은 연구를 거듭해야겠군요. 하지만 카푸아스 진흙뱀이 케멜레온처럼 색깔을 바꾸어 색깔이 변하는 능력이 있는 것은 분명합니다. 원고의 주장처럼 병에 걸렸거나 다른 인위적인 것에 의해서 생긴

색 변화 현상이 아님이 밝혀졌습니다. 따라서 피고는 뱀의 색이 변하는 것에 대한 책임이 없습니다.

원고가 피고에게서 구입한 뱀은 아픈 이유가 아니라 원래 색이 변하는 특징을 가진 독특하고 귀한 뱀이라는 사실이 밝혀졌습니다. 뱀을 여러 종류 키워 보고 싶어 했던 원고에게는 더할 나위 없이 좋은 기회인 것 같군요. 귀한 뱀을 소장했으니 안심하고 건강하게 키우도록 하십시오. 이상으로 재판을 마치겠습니다.

재판이 끝난 후, 스네크는 귀한 뱀을 갖게 되었다고 기뻐하며 그 뱀을 더욱 더 아끼며 키웠다. 함께 가서 샀던 뱀이 색깔이 바뀌는 뱀이라는 것을 안 세이플도 그 뱀을 사서 키우고 있다.

파충류

파충류는 온 몸이 비늘로 덮여 있는 특징을 띠는데 뱀, 거북, 이구아나, 악어 등이 파충류에 속한다. 파충류는 알을 낳아 번식하며 곤충이나 개구리 또는 다른 작은 동물을 먹고 산다.

개구리가 겨울잠을 자나요?

개구리가 겨울잠을 자다가 잠깐씩 깰까요?

과학공화국에는 동물에 관심이 있는 사람이라면 누구나 참여할 수 있는 동물 학회가 있다. 이 동물 학회에서는 전문적으로 동물을 연구하는 교수나 학자에서부터 만날 농촌에서 거머리, 사마귀, 개구리 등을 보면서 농사를 짓는 농부까지 다양한 계층의 사람들이 자신들의 관점에서 동물에 대해서 얘기하고 토론하는 학회이다.

이 학회는 일주일에 한 번씩 많은 사람들이 모여서 정해진 주제에 대해서 토론하고 반박도 하면서 정보를 공유하는 모임을 가졌다. 이번 주 주제는 다가오는 겨울을 겨냥해 동물들의 겨울잠에 대해서 다루기로 했다. 역시 이번 정기모임에도 많은 사람들이 모였다.

"모두들 와주셔서 감사합니다. 이번 주에는 겨울잠인 거 아시죠?"

항상 이 학회모임을 주도하는 사람은 학회의 대표인 유메뚝 씨였다. 유메뚝 씨는 많은 동물의 수를 자랑하는 네버랜드 동물원에서 동물들을 돌보고 있는 일을 하고 있다. 항상 동물들과 같이 있으면서도 동물에 대해서 더 알고 싶어 하는 유메뚝 씨는 더불어 유창한 말솜씨를 가져 이 학회의 대표까지 맡게 된 것이다.

"네, 먼저 겨울잠에 대해서 말하자면, 몇몇 동물들은 털이 얼어버릴 듯한 겨울의 추위와 배가 등가죽에 붙어버릴 만큼 먹이가 부족한 환경에 적응하지 못하고 땅속이나 바위틈에서 겨울 내내 잠을 잡니다. 겨울잠 자는 동물은 곰, 뱀, 개구리, 거북이 등 여러 동물들이 있습니다. 이제 여러분 중에 겨울잠에 대해서 발표해 주실 분 계십니까?"

유메뚝 씨는 겨울잠에 대한 짧은 설명을 마치고 회원들의 발표를 기다렸다. 이 모임은 주로 회원들의 발표로 이뤄지기 때문이었다.

"네. 제가 그럼 먼저 하겠습니다."

그때 손을 들고 일어난 것은 개구리를 전문적으로 연구하는 개구리 학자인 왕눈이 씨였다. 왕눈이 씨는 대학에서 시간강사로 일하면서 항상 '개구리는 어쩌다 던진 돌에 맞아죽는 것인가' '개구리는 파리를 잡아먹는데 모기도 잡아먹는가' 등을 연구하는 조금은 엉뚱한 회원이었다.

"네. 이번 주에는 개구리 전문가이신 왕눈이 씨의 발표가 빠지면 안되죠."

유메뚝 씨는 마이크를 넘겨주면서 단상 밑으로 내려왔고 왕눈이 씨는 준비한 연구자료들을 회원들에게 한 장씩 나눠주면서 마이크가 있는 단상으로 올라갔다. 그리고 간단한 마이크 테스트를 한 후 목소리를 가다듬고 말하기 시작했다.

"아아 – 마이크 테스트 – 원투원투 – 으흠, 개구리도 겨울잠을 자는 동물입니다. 그래서 제가 개구리의 겨울잠에 대해서 생각해 보았습니다. 그리고 이제 제가 발표할 내용은 어쩌면 여러분들의 생각을 뒤집을 수 있는 그런 대단한 내용입니다."

회원들은 받은 종이를 읽어보면서 기대에 가득 찬 눈으로 왕눈이 씨를 쳐다보았다. 자신 있게 딱 벌어진 어깨가 그가 이제 말하려는 내용이 대단한 것이라는 사실을 말해주는 것 같았다.

"여러분, 여러분은 개구리가 겨울 내내 겨울잠을 잔다고 생각하시죠?"

뜬금없는 질문에 회원들은 고개를 갸우뚱하며 선뜻 대답하지 못하고 서로 웅성거리기만 했다. 언제나처럼 엉뚱한 말을 꺼낼 것이라고 예상한 회원들은 당연한 질문을 하는 왕눈이 씨가 무슨 말을 하려고 하는지 궁금해 했다.

"제가 왜 이런 말을 꺼냈냐구요. 제가 연구하기로는 그 생각이 잘못된 것은 아닌가 라고 생각해서입니다. 어쩌면 개구리가 잠에서 깨어나 밖으로 나와서 잠시 동안 햇빛을 쪼일 수도 있다는 가능성을 생각하게 됐습니다!"

"개구리가 겨울 동안 바캉스를 가는 것도 아니고 그게 무슨 말입니까!"

왕눈이 씨의 말을 듣고 있던 김터틀 씨가 벌떡 일어서서 어이없다는 듯이 말했다.

그때서야 다른 회원들도 말도 안된다며 왕눈이 씨를 쳐다보았다. 그때 왕눈이 씨는 그 말을 예상했다는 듯이 손을 내저으며 김터틀 씨를 진정시켰다.

"워-워- 그 말이 나올 줄 알았습니다. 그래서 제가 여러분들의 생각을 뒤집을꺼라고 말하지 않았습니까, 하지만 그 가능성을 무시할 수가 없습니다."

"그럼 개구리가 겨울동안에 잠시 나와 햇빛을 쬐는 걸 봤다는 말입니까?"

좀처럼 진정하지 않는 김터틀 씨는 계속 왕눈이 씨를 보며 질문을 했다.

"아니요. 제가 그걸 본적은 없습니다. 겨울엔 저도 개구리를 보러 가지는 않으니까요. 하지만 그 근거는 생각해낼 수 있습니다."

"무슨 근거 말입니까?"

"사람은 영하의 온도에서 있으면 곧 얼어 죽을 수 있지 않습니까? 개구리도 똑같을 것입니다. 개구리가 영하의 온도에서 겨울잠을 자면 온몸이 얼어붙을 것입니다. 하지만 개구리는 봄에 다시 멀쩡하게 뛰어다니죠. 이상하지 않습니까?"

근거를 다시 들어보고서는 처음 말을 믿지 않던 회원들도 다시 고개를 끄덕이며 왕눈이 씨의 말에 동의하는 것 같았다.

"어. 그 말을 듣고 보니 그런 것 같기도 하고……."

"아니야. 그래도 자다가 밖으로 다시 나온다는 건 말도 안 돼."

금세 소란스러워지자 왕눈이 씨는 마지막으로 사람들에게 큰소리로 말했다.

"개구리는 일곱 번 넘어져도 다시 일어나는 대단한 동물입니다! 분명히 얼어 죽지 않기 위해서 겨울에 잠시 나왔을 겁니다!"

왕눈이 씨는 자신의 말을 다 하고 나서 자리로 돌아왔다. 하지만 김터틀 씨를 비롯해 그 가능성은 말이 안 된다고 생각하는 사람들이 여럿 있었다.

"이건 아무리 개구리학자의 얘기지만 말이 되지 않아. 이때까지 어느 학자도 그런 말을 한 번도 하지 않았어."

"그렇죠? 개구리가 겨울잠에서 다시 깬다니. 이건 올챙이가 올챙이 춤 춘다는 말하고 똑같다구요!"

결국 결론이 나지 않은 이 상황에서 사회자 유메뚝 씨는 자리에 앉아있는 왕눈이 씨와 회원들에게 제안했다.

"우리 이렇게 여기서 옳다아니다 할 것이 아니라 이왕 이렇게 된 거 생물법정에 확인을 부탁해보는 건 어떨까요?"

"그래요, 저도 자신 있어요!"

그래서 결국 이 학회는 개구리의 겨울잠에 대한 논란을 생물법정에 부탁했다.

다람쥐나 곰같은 포유류는 겨울잠을 자는 중간중간 일어나서 배설도 하고 먹이를 먹기도 합니다. 반면 개구리나 도롱뇽 같은 양서류는 겨울잠을 자는 동안 완전히 몸의 기능을 정지하고 깨어나지 않습니다.

개구리가 겨울잠을 자다가 잠깐씩 깨어날까요?

생물법정에서 알아봅시다.

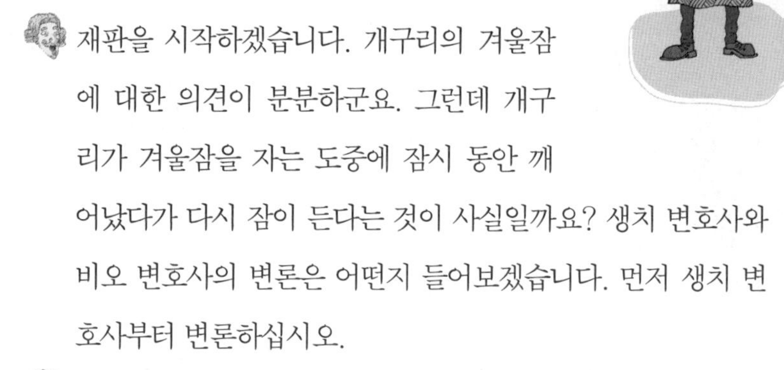

재판을 시작하겠습니다. 개구리의 겨울잠에 대한 의견이 분분하군요. 그런데 개구리가 겨울잠을 자는 도중에 잠시 동안 깨어났다가 다시 잠이 든다는 것이 사실일까요? 생치 변호사와 비오 변호사의 변론은 어떤지 들어보겠습니다. 먼저 생치 변호사부터 변론하십시오.

지금까지 우리는 개구리가 겨울 내내 땅속에 들어가 잠을 잔다고 알고 있었습니다. 하지만 개구리도 먹고 자야지 어떻게 몇 달 동안 잠만 잡니까? 이건 말이 안 되는 얘기입니다. 아마도 배고프면 겨울잠을 자다가 깨어나 먹이를 먹고 다시 들어가 자겠지요.

그럼 비오 변호사는 개구리의 겨울잠에 대해서 어떻게 생각합니까?

개구리는 긴긴 겨울잠을 잡니다. 그리고 겨울잠을 자는 동안 개구리는 절대 깨지 않습니다. 그래서 겨울이 오면 개구리가 모두 사라지지요. 이는 추운 겨울에 돌아다녔다가는 개구리가 먹이를 못 찾아 굶어죽거나 얼어 죽기 때문입니다. 저보다는 개구리의 겨울잠에 대한 더 많은 공부를 한 증인을 모셨습니다. 양서류 연구소의 나미끈을 증인으로 요청합니다.

증인요청을 받아들이겠습니다.

개구리와 악어와 같은 파충류 모형을 허리와 어깨에 주렁주렁 매단 50대 후반의 남성은 미끈거리는 동물을 손으로 만지며 증인석에 앉았다.

개구리를 비롯하여 많은 동물들이 겨울잠을 자는 이유는 무엇입니까?

겨울에는 동물들이 먹이를 구하기가 힘듭니다. 동물들이 몸의 온도를 일정하게 유지하기 위해서는 많은 에너지가 있어야 해요. 그러므로 동물들이 먹지 않으면 에너지가 만들어지지 않고 소비만 이루어지는 데 이때 움직이지 않는 것은 에너지를 적게 소비하기 위한 행동이지요. 그것이 바로 겨울잠을 자는 이유입니다.

캐나다에 사는 개구리는 특별한 겨울잠을 잔다고 들었는데요. 어떤 개구리이며 겨울잠을 자는 방법은 어떻습니까?

두꺼비는 땅을 팔 수 있으므로 땅속에서 겨울잠을 잡니다. 하지만 개구리는 보통 물속에서 겨울잠을 자는데 설령 겨울에 물이 얼어도 물속은 얼지 않기 때문입니다. 그런데 캐나다에 사는 숲 개구리는 숲에서 겨울잠을 자는데 완전히 꽁꽁 언 상태로 겨울잠을 잡니다.

숲 개구리가 겨울잠에 들어가는 원리는 무엇입니까?

숲 개구리가 꽁꽁 얼어 겨울잠을 잔다고 했는데 몸 전체가 완전히 어는 것은 아닙니다. 숲 개구리의 몸속의 물 가운데 65% 정도만 어는 것이죠. 그리고 이때 숲 개구리의 간에 저장하고 있던 녹말이 포도당으로 바뀌면서 포도당이 몸 전체로 고르게 흘러들어 숲 개구리의 에너지를 만들어주지요.

숲 개구리가 얼었다가 다시 깨어난다니 정말 놀라운데요. 그럼 깨어날 때 일어나는 변화는 없습니까?

겨우내 얼어있던 숲 개구리의 혈관이 녹으면서 숲 개구리는 다시 몸을 움직일 수 있게 되지요.

숲 개구리의 겨울잠 원리를 응용하면 많은 곳에 쓰일 수 있겠군요.

물론입니다. 숲 개구리의 겨울잠을 연구하면 사람을 얼려 잠시 활동을 멈추게 한 다음 다시 깨어나게 하는 냉동인간을 만들 수 있을 것이라고 믿는 과학자들도 있습니다. 하지만 아직 숲 개구리의 겨울잠에 대한 연구는 미약한 편입니다.

만약 숲 개구리의 겨울잠 과정이 과학적으로 규명되면 머지않아 냉동인간이 만들어 질 수 있겠군요. 아무튼 보통의 개구리든 이상한 겨울잠을 자는 숲 개구리든 간에 겨울잠을 자던 중간에 깨어나게 되면 몸에 저장된 에너지를 더 많이 사용하는 것이 되므로 에너지의 낭비가 되겠군요. 그래서 한 번 겨울잠에 들면 에너지를 아끼기 위해 안 일어나는 거군요.

잘 들었습니다. 깊은 겨울잠을 자는 개구리가 도중에 일어나는 것이 힘들 것 같군요. 다람쥐나 곰같은 포유류는 겨울잠을 자는 기간 동안에도 중간중간 일어나서 배설을 하기도 하고 먹을 것을 먹기도 합니다. 반면 개구리나 도롱뇽 같은 양서류는 겨울잠을 자는 동안 완전히 몸의 기능을 정지하고 깨어나지 않습니다. 따라서 개구리는 겨울에 잠이 들어 봄이 되어야 깨어난다고 결론을 내리겠습니다. 이상으로 재판을 마치겠습니다.

재판이 끝난 후, 겨울잠을 자는 동안 개구리가 깰 수 없다는 것이 밝혀지자 학회 사람들은 왕눈이 씨에게 사기를 쳤다며 불같이 화를 냈다. 왕눈이 씨는 학회 활동을 계속 하기 위해 화난 학회 사람들에게 사과를 하고 달래느라 고생했다.

양서류

양서류는 물속에서도 살 수 있고 뭍에서 살 수 있는 동물을 말하는데 개구리, 두꺼비, 도롱뇽 등이 양서류에 속한다. 특히 개구리의 경우 올챙이 시절에는 아가미 호흡을 하지만 개구리가 된 후에는 허파로 호흡한다.

대머리 젊은 사자

대머리 사자는 젊은 사자일까요, 늙은 사자일까요?

과학공화국에는 행복한 동물원이 있다. 넓은 땅에서 곰, 호랑이, 기린, 말 등 여러 동물들이 관광객과 아이들을 기다리고 있는 여느 동물원과 다를 것이 없는 동물원이다. 그런데 어느 날부터 행복한 동물원 원장인 나주우 씨에게 고민이 생겼다.

"원장님, 오늘도 사자가 제일 인기 있는데요."

"뭐야? 오늘도?

"네, 사자가 있는 곳에만 사람들이 몰려있습니다."

"정말 그런지 한번 가보세!"

동물원직원이 원장실에 와서 동물원의 상황을 말해줬다. 언젠가부터 관광객들이 사자에게만 관심을 보여서 며칠 경과를 지켜보던 중이었기 때문이다. 나주우 씨는 얼른 사자 우리가 있는 쪽으로 가 보았다. 철창으로 울타리가 낮게 쳐져있는 사자 우리 주변에 아이들, 어른 할 것 없이 모든 관광객들이 사자를 보려고 몰려있었다.

"어머, 저기 드러누워 자고 있는 사자봐. 너무 멋지다!"

"저 복슬복슬한 털이 있어서 더 그런 것 같지 않아?"

"사자가 정말 동물 중엔 최고라니깐!"

관광객들은 낮잠을 자고 있는 사자를 보면서 계속 멋지다는 말만 하고 있었다. 그리고 다른 동물에게는 눈길 한번 돌리지 않았다.

"정말 사자만 보려고 모여 있군……."

원장인 나주우 씨는 사자를 보고서는 한숨을 푹푹 내쉬면서 말했다. 그것을 이상하게 여긴 직원이 원장에게 말했다.

"원장님, 사자가 인기 많은 건 좋은 거 아닙니까?"

"인기가 많으니깐 좋기야하지. 하지만 인기가 없는 동물들에게는 안 좋은 거잖아."

"네?"

직원은 말을 듣고서 그제야 사자 우리 옆에 있는 기린을 쳐다보았다. 항상 목을 빳빳이 들고 관광객을 맞던 기린이 요즘 계속 목을 축 늘어뜨리고 혼자 땅을 파거나 그냥 우리로 들어가버리는 일이 많아지긴 했다.

"다른 동물들이 슬퍼하게 된다구……."

"원장님, 그러면 아예 사자를 위한 동물원으로 바꾸는 건 어떨까요?"

"사자를 위한 동물원?"

직원의 말에 나주우 씨는 팔짱을 끼며 곰곰이 생각했다.

"사자를 위한 동물원을 만들면 다른 동물들은 슬퍼할 일도 없고 관광객들도 더 많은 사자를 보기위해서 우리 동물원에 오게 되잖아요. 그러면 일석이조 아닌가요?"

"그렇게만 된다면야 꿩 먹고 알 먹고지."

"사자를 몇 마리 더 사서 우리 동물원에 들여놓자구요."

"그래, 그거 좋은 생각이야! 사자 동물원으로 만들자구!"

나주우 씨는 행복한 동물원을 행복한 사자 동물원으로 바꾸기로 했고 다른 동물들을 다른 동물원에 넘긴 값으로 더 많은 사자를 살 수 있는 돈을 마련했다. 그리고 다른 동물 우리를 개조해서 사자 우리로 만들어 사자만 오면 행복한 사자 동물원이 될 준비가 끝났다. 그런데 문제는 어디서 사자를 사오느냐였다. 그래서 직원이 인터넷 검색을 하던 중에 사자를 판다는 광고를 발견했다.

"원장님, 이리 와보세요."

"왜 불러?"

"여기 어린이 공화국에 있는 야생 사자 동물원에서 사자를 판다고 광고를 냈어요!"

"정말이야? 어디 한번 보자."

원장은 컴퓨터 모니터에 얼굴을 갖다 댔다.

"야생 사자 동물원은 정말 자연에서 있는 것처럼 숲속에서 사자를 키우는 동물원입니다. 어흥 - 사자라고 무섭게만 보지 마세요. 여기 있는 사자들은 용맹합니다. 또 새끼를 많이 낳기로 유명한 저희 사자들은 사랑도 있답니다! 전화로 원하시는 사자만 말씀해주시면 저희가 바로 보내드리겠습니다! 붕어빵에 팥이 빠질 수 없는 것처럼 동물원에 사자가 빠지면 섭섭하죠. 어서 전화주세요!"

원장은 광고를 보자마자 밑에 적혀있는 야생 사자 동물원에 전화를 했다. 물론 사자를 주문하기 위해서였다.

"네, 야생 사자 동물원입니다.

"여기는 과학공화국에 행복한 사자 동물원입니다. 사자를 판다고 해서 전화 했는데요"

"맞습니다. 사자를 사시려구요?

"네. 살 수 있지요?"

"물론이죠. 어떤 사자를 원하십니까?"

"네?"

"뭐, 나이가 어리거나 많거나. 덩치가 작거나 크거나. 그런 기준으로요."

"아. 이제 막 사자 동물원을 시작해서 사자도 나이가 어린 사자가 좋을 것 같네요."

"네. 어린 사자요. 그럼 며칠 후에 보내드리겠습니다."

짧은 전화상으로 원장 나주우 씨는 어린 사자 한 마리를 주문했다. 그리고 어서 그 사자가 오기만을 기다리고 있었다. 사자가 와야지만 얼른 사자 동물원을 개장할 수 있기 때문이었다. 일주일이 지난 후에 사자가 도착했다는 소식이 들렸다.

"원장님, 사자가 도착했습니다!"

동물원 입구에서 사자를 태운 차를 발견한 직원이 말했다. 그 소리를 들은 원장도 기대감에 가득 찬 얼굴로 사자를 보기위해 달려 나왔다.

"그럼 문 열겠습니다. 사자가 철장 안에 있을 거니깐 걱정마시구요."

차를 끌고 온 운전수가 노련한 솜씨로 뒤의 차문을 열었다. 그러자 철장 안에 있는 사자가 보였다. 여러 사람들이 그 철장을 잡고 준비된 사자 우리 안에 사자를 넣었다. 그제서야 철장에서 벗어난 확실한 사자의 모습을 볼 수 있었다. 그런데 사자를 보고서는 모두 웃기만 했다.

"어머, 대머리네?"

"대머리 사자는 처음 봐. 하하하."

사자의 상징인 복실한 머리털이 하나도 없는 것이었다. 그야말로 빤딱빤딱 빛이 날 듯한 대머리였다.

"뭐야? 젊은 사자를 보내랬더니 늙은 사자를 보냈잖아?"

"머리가 빠질 정도로 늙은 사자면 얼마 살지도 못하겠어요."

"이거 사자를 잘못 보낸 거 아니야?"

동물원 원장인 나주우 씨는 대머리 사자를 누가 좋아하겠냐며 어린 사자대신 늙은 사자를 보낸 야생 사자 동물원을 생물법정에 고소했다.

사자들은 나이가 들면서 갈기가 생깁니다.

젊은 사자의 특징은 어떤 점이 있을까요?

생물법정에서 알아봅시다.

재판을 시작하겠습니다. 젊은 사자와 대머리 사자는 어떤 관계가 있습니까? 대머리 사자가 젊은 사자라고 할 수 있을까요? 원고 측 변론하십시오.

사자는 무엇보다도 풍성한 갈기가 멋스러움을 한 층 더 키운다고 할 수 있습니다. 사자의 갈기는 사자의 용맹함과 터프함의 상징이지요. 그런데 갈기가 없는 사자가 젊은 사자로 배달되어 왔다는 것은 잘못 배달된 것이라 생각됩니다. 피고 측에서 배달한 사자가 잘못 배달된 사자라면 빠른 시일 내에 젊고 갈기가 풍성한 멋진 사자로 교환해 줄 것을 요구합니다.

사자의 갈기가 정말 용맹함과 젊음을 상징할까요? 피고 측은 젊은 사자에 대해 어떤 의견을 내놓을지 들어보겠습니다. 사자를 잘못 배달한 것입니까?

원고 측에서는 젊은 사자를 배달해 줄 것을 요구했습니다. 피고는 원고의 요구대로 젊고 건강한 사자를 배달했는데 고소를 당하고 나니 정말 황당합니다.

대머리인 사자가 젊고 건강한 사자라는 것인가요?

그렇습니다. 젊은 사자의 특징에 대해 알아보고 피고가 배달해 준 사자가 젊은 사자임을 증명해 보이겠습니다. 동물왕국의 강용감 박사님을 증인으로 요청합니다.

증인요청을 받아들이겠습니다.

사자의 갈기와 비슷한 너풀거리는 털옷을 입은 40대 후반의 남성은 넓은 어깨를 쫙 펴고 씩씩하게 증인석으로 걸어왔다.

사자는 어떤 특징을 가진 동물인가요?

사자의 수컷은 암컷보다 훨씬 큽니다. 그리고 갈기는 수컷 사자만이 가지고 있습니다. 암컷과 수컷의 공통점은 모두 꼬리 끝에 털 송이가 달려 있다는 것입니다. 사자는 보통 시속 60km에서 80km로 달릴 수 있어서 치타보다는 훨씬 느리지만 여러 마리가 모여서 함께 사냥을 하여 먹이를 구합니다. 사자가 좋아하는 먹이는 얼룩말, 영양, 기린과 같은 초식동물들입니다.

그럼 본론으로 들어가서 젊은 사자와 늙은 사자의 생김새에 다른 점이 있습니까?

물론 다른 점이 있습니다. 우리가 수컷 사자의 상징이라고 여기는 갈기는 사실 암컷 사자의 호감을 사는 것은 아닙니다.

그럼 암컷 사자들이 좋아하는 젊은 사자들의 특징은 무엇입니까?

암컷 사자들은 풍성한 갈기를 가진 사자보다는 숱이 적은 대머리 사자를 좋아한다고 알려져 있습니다.

의외이군요. 화려한 갈기를 가진 사자보다 대머리 사자를 더 좋아하는 이유는 무엇인가요?

사자의 갈기가 화려해진다는 것은 나이가 많음을 의미하기 때문입니다.

사자가 나이가 들면 갈기가 생긴다는 것이 증명된 실험이 있습니까?

아프리카 케냐의 차보 국립공원에 사는 사자들은 숱이 적은 대머리 사자들로 알려져 있는데 이 사자들을 연구한 팀은 이들이 나이가 들면서 갈기가 생긴다는 것을 알아냈습니다.

그렇다면 피고가 배달한 대머리 사자는 젊은 사자이므로 대단한 번식력과 용맹함을 보여줄 수 있겠군요. 원고는 갈기가 없어 나이든 사자로 오해한 점에 대해서 피고에게 사과하고 피고가 배달한 사자를 잘 관리하고 건강하게 키워 좋은 동물원을 만들 수 있길 바랍니다.

사자의 갈기가 젊음과 용맹의 상징인줄 알고 있었는데 오히려 대머리가 사자의 젊음을 대표하는 특징이라고 하니 참 재미있고 신기한 것 같습니다. 원고는 대머리 사자를 잘 관리하여 동물원을 잘 운영할 수 있도록 하십시오. 이상으로 재판을 마치도록 하겠습니다.

재판 후, 대머리의 사자가 젊은 사자라는 것을 알게 된 동물원에서는 젊은 사자의 우리 앞에 '사자는 대머리가 젊음의 상징입니다' 라는 팻말을 붙였다. 재미있는 정보에 신기해하는 사람들 때문에 동물원의 인기가 점점 더 높아졌고 제1의 사자 동물원으로 유명해졌다.

수사자가 바람이 불어오는 쪽에서 먹잇감으로 다가가 바람에 냄새를 실어 보내면 먹잇감은 반대쪽으로 달아난다. 이때 암사자가 기다리고 있다가 먹잇감을 잡는 것이 사자의 사냥법이다.

돼지가 더럽다고요?

돼지는 정말 더러운 동물일까요?

가축을 기르는 사람들과 가축을 연구하는 사람들이 모여서 가축에 대해서 이야기를 나누고 회의를 하는 가축학회가 있다. 이 가축학회에서는 주로 닭, 돼지 등과 같은 집에서 기르는 동물들에 대해서만 이야기를 나눴는데, 주로 이야기하는 주제는 '닭싸움에서 이길 수 있는 닭으로 훈련시키기' '편하게 소젖 짜는 방법' 등으로, 가축을 기르는 사람들에게 도움이 되는 것들이었다. 그런데 이 가축학회에는 마치 톰과 제리처럼 항상 다투기만 하는 사람들이 있었다. 그 사람들은 소를 연구하는 소박사와 돼지를 연구하는 돈박사였다. 두 사람은 보기만 하면 다투기로 유명했다.

"이 사람 여기 또 왜 왔어!"

"누가 당신 보러 왔나! 우리 소에 대해서 얘기하려고 왔지!"

"소에 대해서 얘기할 사람은 당신밖에 없어!"

"흥, 나 혼자라도 얘기할 거라고!"

항상 티격태격하기 때문에 다른 사람들은 그러려니 하면서 신경도 쓰지 않았다. 그때 이 학회의 학회장이자 닭을 연구하는 조박사가 회원들을 불러 모아 놓고 토론할 주제를 말했다.

"거기 돈박사님, 소박사님 조용히 하시구요. 이번에 토론할 주제를 말씀드리겠습니다. 이번에는 아주 중요한 이야기니깐 잘 들어주세요."

그제야 두 박사는 다툼을 멈췄고 모여 있는 다른 학회 사람들도 귀를 기울였다.

"정부에서 아주 중요한 결정을 우리 가축학회에 넘겼습니다."

"무슨 결정 말입니까?"

말하는 데 뜸을 들이는 학회장 조박사 때문에 성격 급한 견박사가 말했다.

"정부에서 소와 돼지를 동시에 육성하기는 힘들다는 결론을 내렸나 봅니다. 그래서 소, 돼지 가운데 하나만 집중 육성하기로 결정했습니다. 우리가 맡은 일은 소와 돼지 가운데 어떤 동물을 집중 육성할지 결정하는 것입니다."

이 학회에서 결정하기에 따라서 소나 돼지 중 하나만 집중 육성한다는 말을 듣고 학회장인 조박사는 부담을 느끼고 있었다. 그래서 이 학회에서 토론을 하기로 결정한 것이었다. 조박사의 말이 끝나자마자 조용히 말을 듣고 있던 소박사와 돈박사가 다시 입을 열었다.

"물론 우리 소를 육성해야지."

먼저 소박사가 돈박사를 보면서 당연하다는 듯이 말했다.

"무슨 말인가~ 소보다는 돼지일세!"

"돼지보다 소 값이 더 비싼 거 모르는가?"

"요즘 누가 비싸다고 사 먹나, 돼지고기가 더 잘 팔리는 거 모르나?"

"소는 아직 시골에서 일도 한다고. 돼지는 만날 누워있기만 하지 않나?"

또 두 박사가 아옹다옹 다투기 시작하자 다른 사람들이 말리기 시작했다. 이번 일은 이렇게 다툴 일이 아니라 진지하게 토론해야 할 일이기 때문에 두 박사를 진정시켰다.

"그만 다투게나. 이번 결정이 얼마나 중요한지 자네들도 알고 있잖아."

그 말에 다시 조용해진 틈을 타 다른 사람들이 그 문제에 대해서 토론을 시작했다. 그러나 소와 돼지 전문가인 소박사와 돈박사는 말만 하면 둘이 다퉜기 때문에 토론이 중단되기 일쑤였다. 그래서인지 토론이 제대로 되지 않았다.

"제가 이 사실을 갑자기 알려드려서 그런지 이번 모임에서는 토론이 제대로 되지 않는 것 같네요. 모두 다음 모임 때까지 생각해 보시고 그때 더 신중하게 얘기해 봅시다."

학회장인 조박사는 토론이 잘 되지 않자 다음 모임으로 토론을 미뤘다. 물론 두 박사의 생각이 제일 중요하기는 했지만 다른 사람들의 의견도 필요했기 때문에 더 많은 자료를 가지고 더 많은 생각을 해서 다음 시간에 토론하러 오라는 의미이기도 했다.

학회 모임에 참석한 다음 날 소박사 연구실에 신문기자와 사진기자 두 명이 찾아왔다.

"저기, 가축학회에 계시는 소박사 맞습니까?"

"네, 맞는데 무슨 일이세요?"

"가축학회에서 이번에 정부의 가축 집중 육성 계획을 결정한다고 해서 〈매일봐신문〉에서 취재하러 왔습니다."

"저를요?"

"네. 소를 연구하는 박사님의 의견을 듣고 싶어서요."

소박사는 잠시 고민했지만 이 기사가 나가면 돈박사가 부러워서 배 아파할 것 같기도 하고 사람들에게 돼지보다 소가 더 좋다는 것을 알릴 수도 있을 것 같아 당장에 취재에 응하겠다고 말했다. 그러고는 간단한 인터뷰를 했다.

"물론 소를 연구하시는 분이니깐 소를 집중 육성해야 한다고 생각하시겠네요."

"그럼요. 당연하죠. 일단 소는 돼지와는 차원이 다릅니다."

"어떻게요?"

"돼지는 더러운 짐승입니다. 더러우면 병을 옮길 수도 있고 사람에게 좋지 않은 영향을 미칠 수도 있다고 생각합니다. 대신에 소는 아주 깔끔합니다. 그러니 소를 집중 육성해야지요."

"아, 그렇게 생각하시는군요."

그리고 소박사와 인터뷰한 내용은 다음 날 〈매일봐신문〉 1면에 기사로 났다. 그리고 그 신문을 돈박사도 보게 되었다.

"박사님, 이 기사 읽으셨습니까?"

돈박사 밑에서 연구를 도와주는 조수가 돈박사의 연구소에 신문을 들고 급히 뛰어왔다. 그러고는 숨을 고르면서 신문을 내밀었다. 그 신문 1면에는 큼지막한 글씨로 '더러운 돼지보다는 깨끗한 소를 육성해야…….' 라고 적혀 있었다.

"이게 뭐야!"

"옆에 사진을 보니 소박사님이시기에……."

기사 옆에 조그맣게 나온 사진에서는 소박사가 빙긋이 웃으면서 손으로 브이 자를 그리고 있었다.

"아니, 소박사 나이가 몇인데 이런 포즈를…… 하여튼 소박사, 언제 이런 말한 거야!"

"날짜를 보니 박사님 학회 모임 다음 날입니다."

"일찍도 취재했네. 근데 도대체 돼지가 뭐가 더럽다는 거야? 돼지가 얼마나 깨끗한데!"

"그러게 말입니다."

"이거 가만히 두면 사람들이 모두 돼지가 더럽다고 잘못 알아 버리겠어. 그러면 돼지 집중 육성은 물 건너가는 건데……."

"이를 어쩌죠?"

"그럼 할 수 없군. 이 사람을 고소하겠어. 그래서 돼지가 더럽지 않다는 걸 증명해야겠어!"

화가 난 돈박사는 잘못된 기사를 쓰게 한 소박사를 생물법정에 고소했다.

돼지우리의 악취는 너무 집약적인
사육방식으로 인해 발생하기도 합니다.

돼지가 더러운 동물일까요?
생물법정에서 알아봅시다.

재판을 시작하도록 하겠습니다. 돼지가 더럽지 않다는 것을 입증하기 위한 고소가 들어왔습니다. 돼지가 얼마나 깨끗한지 알아보도록 하겠습니다. 먼저 피고 측 주장을 들어 보도록 하겠습니다.

돼지우리에 가 보셨습니까? 돼지우리 근처에만 가더라도 악취에 변 냄새가 코를 찌릅니다. 돼지를 사육하는 사람들이 하루에도 몇 번씩 돼지우리를 청소하더라도 악취는 사라지기 힘들 것입니다. 이렇게 지저분한 돼지는 병을 옮기거나 면역력을 약하게 만드는 등 좋지 않은 영향을 미칩니다. 소도 외양간에서 키우지만 자기만의 공간이 하나씩 있습니다. 하지만 돼지는 보통 한 우리 안에 많은 수를 몰아넣고 키웁니다. 이 점만 보더라도 소보다 돼지가 훨씬 더럽다는 것을 잘 알 수 있습니다. 그러므로 소를 집중 육성하는 것이 훨씬 좋습니다.

원고 측은 돼지가 더러운 동물이라는 것을 인정합니까?

돼지가 더러운 동물이라고 알고 있는 사람들이 많습니다. 하지만 그것은 돼지에 대해서 잘 알지 못해서 하는 말입니다.

실제로 돼지는 깨끗한 동물입니다.

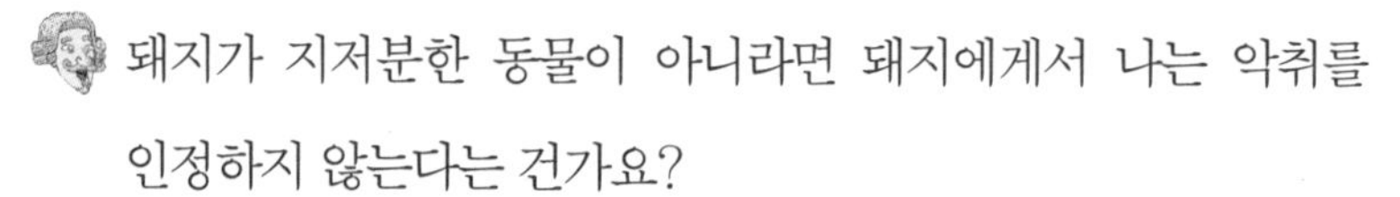

돼지가 지저분한 동물이 아니라면 돼지에게서 나는 악취를 인정하지 않는다는 건가요?

돼지들한테서 코를 찌르는 냄새가 나는 것은 사실입니다. 특히 수돼지나 멧돼지 수컷은 냄새가 더 심하게 납니다. 그러나 냄새에는 많은 포유동물에게 중요한 정보가 담겨 있습니다. 우리 인간에게는 불쾌하기만 한 냄새가 해당 동물들에게는 아주 좋은 감정을 불러일으킬 수도 있습니다.

그렇다면 돼지가 깨끗하다고 주장하는 이유는 무엇입니까?

돼지는 우리가 생각하는 것과 반대로 청결함을 중요하게 생각합니다. 하지만 샤워를 하는 대신에 진흙에 몸을 비벼 모기와 귀찮은 벼룩, 진드기 같은 털 속에 사는 수많은 기생충들을 몸에서 떨어지게 하지요. 돼지의 진흙 목욕은 몸을 식히는 데도 좋습니다. 무더운 여름날에 돼지들은 수영장을 찾는 사람들처럼 행동합니다. 자꾸만 시원한 진창 속으로 몸을 던지지요. 또 인간들이 물을 닦기 위해 수건을 사용하듯이 돼지들은 진흙 갑옷이 어느 정도 마르면 말끔히 떼 내기 위해 진으로 딱지가 앉은 나무에 몸을 비벼댑니다.

그렇지만 돼지우리에서 아주 안 좋은 냄새가 나는 것만은 확실하지 않습니까.

돼지우리에서 견디기 힘든 악취가 나는 것은 종의 특성에 적

합하지 않고 너무 집약적인 사육 방식 때문입니다. 수백 명의 사람들을 몸을 씻을 수도 없는 좁은 공간에 다 몰아넣었다고 한번 상상해 보십시오. 아무리 깨끗한 사람들이라 하더라도 몸을 씻을 수 없는 좁은 공간에서는 땀으로 범벅이 되어 얼마 지나지 않아 악취가 날 것입니다. 돼지우리는 한마디로 원룸이라고 볼 수 있습니다. 화장실이 따로 갖춰져 있지 않지만 돼지는 변을 한곳에서만 봅니다. 이러한 점도 돼지가 더럽다고 볼 수 없는 증거입니다.

돼지에게서 악취가 나는 것은 사육 방식이 좋지 않기 때문이라는 것이군요.

만약 넓고 깨끗한 공간에서 소와 비슷한 환경으로 돼지를 풀어놓고 키운다면 돼지의 깨끗한 성향을 확실히 알 수 있을 것입니다. 돼지는 소만큼, 아니 소보다도 훨씬 더 깨끗한 동물이며 돼지우리에서 나는 악취는 좁은 우리에 갇혀 많은 돼지들이 함께 살기 때문에 어쩔 수 없이 생기는 것입니다. 그런 열악한 환경 속에서도 돼지는 소보다 많은 새끼를 낳기 때문에 공급량이 충분합니다. 따라서 소에 비해 값도 저렴하여 많은 사람들이 즐기는 고기입니다. 돼지에게서 악취가 조금 난다고 해서 돼지가 정말 더러운 동물은 아닙니다. 소보다 훨씬 조건이 좋은 돼지를 집중 육성해야 한다고 생각합니다.

돼지에게서 나는 냄새는 좁은 우리에 갇혀 있기 때문에 나는

악취와 돼지 특유의 냄새이며, 돼지 자체는 우리가 생각하는 것보다 훨씬 깨끗한 동물이라는 사실을 알 수 있었습니다. 따라서 돼지가 소보다 지저분하기 때문에 소를 집중 육성해야 한다는 주장은 옳지 않습니다. 이상으로 재판을 마치도록 하겠습니다.

재판 후 소박사는 더러운 동물이라고 돼지를 비하한 것에 대해 돈박사에게 사과를 했다. 그 후 돈박사는 돼지들을 더욱 더 아끼며 돼지 연구에 심혈을 기울였다.

돼지와 멧돼지

돼지와 멧돼지는 큰 차이가 없으며 멧돼지를 길들여 사육한 것을 돼지라고 부른다. 다만 멧돼지는 일반 돼지보다 송곳니가 더 발달해 있는데, 이것은 사냥이나 방어를 위해 진화된 것이다.

물고기 이빨 가는 소리에 잠 못드는 밤

큰 소음을 내는 물고기가 있을까요?

운율 마을이 있었다. 이 운율 마을 한가운데에는 시크리트 강이 흐르고 있었다. 이 강은 흐르는 소리가 너무 조용해 직접 강을 보지 않으면 강이 흐르고 있는지도 모를 정도라고 해서 붙여진 이름이었다. 조용한 시크리트 강이 있어서인지 이 운율 마을 주민들은 대부분 시를 즐겨 썼다. 그 때문에 시인촌이라는 별칭도 얻게 되었고, 시인들은 이 조용한 마을에서 명상을 하면서 시를 쓰는 것을 좋아했다.

"난 이곳이 조용해서 너무 좋아~!"

"맞아. 아무런 소리도 들리지 않지만, 마치 천사의 연주가 귀에 들리는 것 같다고나 할까?"

"혼자 명상하고 최고의 시를 쓰기에는 여기만한 곳이 없지."

"나도 그렇게 생각해. 여긴 정말 천국과 다름없는 곳이야!"

시인들은 조용하고 한적한 이 마을을 시 쓰는 데 최고의 장소라고 생각하고 이곳에 와서는 저마다 아름다운 시를 썼다. 그중에서도 이 마을 이장을 맡고 있는 김소얼 시인의 시는 누구나 감동받을 만한 시였다. 그래서 최고의 시인이라고 불리기도 했다.

"저 끝으로 가는 강을 생각하니 시상이 떠올라~ 잘 들어 봐."

"그래, 얼마나 좋은 시인지 판단해 줄게."

"나 보기가 역겨워 가실 때에는 말없이 고이 보내드리오리다~ 캬, 정말 멋진 시지?"

"역시 김소얼이야! 가슴을 울리는 시인데?"

"이 시도 저 시크리트 강을 보면서 지은 거야."

"역시 우리 마을은……."

김소얼 시인의 시는 가히 운율 마을에서 최고라고 불릴 만했다. 김소얼 자신도 좋은 시를 쓸 수 있는 것은 조용한 마을 분위기 덕분이라고 생각했다. 그런데 어느 날 보니 강 건너편에 새로운 건물이 세워져 있었다. 간판을 보니 희귀 물고기 전시장이었다. 전시장이 새로 생긴 것은 상관이 없지만 그것 때문에 혹여나 조용한 마을이 시끄러워질까 봐 걱정됐다. 김소얼 시인은 마을을 대표하는 이장으로서 관리인을 만나러 갔다.

"안녕하세요. 저는 운율 마을 이장입니다. 여기 희귀 물고기 전시장인가요?"

"네, 이번에 새로 생겼습니다."

"죄송하지만 그럼 혹시 시끄러운 건 아닌가요?"

윤동조 시인은 혹시나 이 조용한 마을에 시끄러운 소리가 날까 봐 걱정이었다. 그렇게 되면 자신은 물론 다른 시인들이 시를 짓는 데 방해가 될 것이기 때문이었다.

"걱정도 팔자입니다~ 물고기가 무슨 소리를 내겠습니까."

"여기는 아시다시피 시인들이 많이 살고 있어서 항상 조용해야 해서……."

"물고기들은 물속에 사니깐 걱정 마십시오. 물고기들이 입은 있지만 말은 하지 않잖아요."

"허허, 그건 맞는 말이지만……."

"시끄럽지 않을 겁니다."

이장 김소얼 시인은 희귀 물고기 전시장이 조용한 마을 분위기를 흩트릴까 봐 걱정했는데, 관리인 말처럼 물속에 있는 물고기가 말을 하는 것도 아니고 아무 소리도 내지 않을 거란 말에 안심했다.

"이 강은 언제나 나에게 영감을 주지."

시인들은 시크리트 강이 보이는 창가에 서서 혹은 강 주위를 거닐다가 소리 없이 흐르는 강을 보면 갑자기 머릿속에 시상이 떠오르기도 해서 언제나 원고지를 들고 다닐 정도였다. 그날도 아름다운 서정시를 짓는 한용온 씨는 영감을 얻기 위해서 시크리트 강변을 걷고 있었다. 조용히 흐르는 강물을 보는 것만으로도 아름다운 시어들이 머릿속에서 마구마구 떠올랐다.

"아, 이게 희귀 물고기 전시장이구나."

강변을 따라 걷다가 한용온은 이번에 새로 생긴 희귀 물고기 전시장을 지나치게 되었다. 그런데 어디선가 빠드득빠드득하는 소리가 들렸다.

"어? 누가 이를 가나?"

꼭 자면서 이를 가는 듯한 소리가 들려서 한용온은 강변에서 누가 자고 있나 두리번거렸다. 하지만 조용한 강변에 사람이라고는 자신뿐이었다.

"잘못 들은 거겠지……."

소리가 날 곳이 없었기 때문에 한용온은 잘못 들은 거라 생각하고 다시 원고지에 막 떠오르는 시를 적고 있었다. 그런데 또 어디선가 빠드득빠드득하는 소리가 들렸다. 한용온은 잘못 들은 것이 아니라고 확신하고 다시 주위를 돌아봤지만 아무도 없었다. 그 소리 때문에 신경이 쓰여서 그 자리에서 더 이상 시를 지을 수가 없었다.

"저 빠드득거리는 소리 때문에 시가 떠오르질 않아!"

결국 시작한 시를 마무리 짓지 못하고 화가 난 채 집으로 돌아와 친구들에게 이 사실을 말했다. 한용온의 절친한 친구 중에서는 이장인 김소얼도 있었다. 그래서 김소얼에게 이 사실을 말했다.

"내가 시크리트 강 주변을 걸으면서 정말 기막히게 좋은 시를 적고 있었어."

"어떤 시?"

"아~ 님은 갔지만은 나는 님을 보내지 아니하였습니다~ 로 시작하는 건데, 하여튼 적고 있었는데 어디선가 빠드득거리는, 꼭 사람이 이 가는 소리가 들리는 거야."

한용온은 그 소리에 자신이 방해받았다는 생각에 화가 나서 말했다.

"이 가는 소리가?"

"응 그게 이번에 생긴 희귀 물고기 전시관 앞이라서 혹시 사람이 이를 가나 싶어서 주위를 둘러봤는데 아무도 없는 거야."

"그럼 사람이 낸 소리가 아니라는 거네."

"그런 건가? 하여튼 그 소리 때문에 더 이상 영감이 떠오르지 않아서 시를 짓다 말고 그냥 와 버렸어."

"그 정도로 시끄러웠어?"

"응. 이장이 이 일을 해결해 줘. 이렇게 가다간 우리 운율 마을이 빠드득 마을로 바뀌겠어."

"알았어. 이장인 이 김소얼이 해결할게."

김소얼은 그 소리가 어디서 났는지 궁금했다. 그래서 한용온이 빠드득 소리를 들었다는 희귀 물고기 전시관 앞으로 갔다. 그런데 정말 그 자리로 가자 빠드득거리는 소리가 들렸다.

"이거 분명히 희귀물고기 전시관에서 나는 소리인데!"

김소얼은 희귀 물고기 전시관에서 나는 소리라고 생각했다. 전시관이 생기기 전에는 이런 소리가 나지 않았고 전시관 앞에서만 소리가 들렸기 때문이다. 그래서 이 소리가 희귀 물고기 전시관에서 나는 소리라고 확신하고 운율 마을의 많은 시인들을 위해서 희귀 물고기 전시관을 상대로 생물법정에 고소했다. 다시 조용한 운율 마을을 되찾기 위해서였다.

물고기는 어떤 생명체보다 청력이 좋으며
많은 물고기는 소음을 유발할 정도로 큰소리를 냅니다.

시끄럽게 떠드는 물고기도 있을까요?

생물법정에서 알아봅시다.

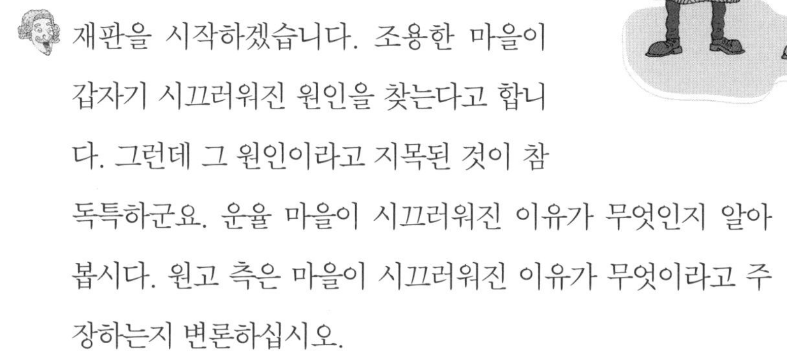

재판을 시작하겠습니다. 조용한 마을이 갑자기 시끄러워진 원인을 찾는다고 합니다. 그런데 그 원인이라고 지목된 것이 참 독특하군요. 운율 마을이 시끄러워진 이유가 무엇인지 알아봅시다. 원고 측은 마을이 시끄러워진 이유가 무엇이라고 주장하는지 변론하십시오.

운율 마을은 조용한 마을로 소문나 많은 시인들이 지내고 있는 마을입니다. 그런데 얼마 전부터 마을이 시끄러워지기 시작했고 급기야 소음은 시인들이 영감을 떠올려 시를 짓기 힘들게 만드는 원인이 되었습니다. 그 소음이 발생하기 시작한 것은 희귀 물고기 전시관이 들어선 시점과 너무도 잘 들어맞으며 우연의 일치라고 보지 않습니다.

혹시 희귀 물고기 전시관에 구경 온 사람들 때문에 생기는 소음인가요?

그렇지 않습니다. 그 소음은 특이하여 어떻게 들으면 사람이 이 가는 소리처럼 들리기도 하는데 주위를 돌아보면 사람이 없습니다.

그 참 이상하군요. 사람이 이 가는 소리같이 들리는데 주위에는 아무도 없다고요? 그렇다면 누가 내는 소음이라고 생각합니까?

물고기가 내는 소음이라고 생각합니다.

물고기가 소리를 냈다는 말씀인가요? 참 신기한 주장이군요. 원고 측은 물고기 소리 때문에 소음이 발생하여 시인들이 영감을 얻고 시를 쓰는 데 지장을 주었다고 주장합니다. 피고 측은 물고기의 소음에 대한 변론을 해주십시오.

참 재미있는 주장입니다. 물고기가 소리를 낸다고요? 물고기는 소리를 내지 못합니다. 누구나 한번쯤은 어항에 금붕어나 열대어를 키워 보신 적이 있을 겁니다. 혹시 금붕어가 배고프다거나 열대어가 춥다고 우는 소리를 들어 보신 적이 있습니까? 금붕어나 열대어를 몇십 년간 키워도 소리 한 번 내는 것을 듣지 못했을 겁니다. 그런데 어떻게 물고기가 소음이라고 할 만큼의 소리를 낸다고 할 수 있습니까?

시끄러운 소음을 발생시키는 물고기가 분명 있습니다.

어떤 물고기가 소음을 발생시키는 겁니까?

물고기가 소리를 내지 못한다는 편견을 버리십시오. 물고기가 소음을 발생시킨다는 증거를 보이겠습니다. 어류학회의 한소음 회장님을 증인으로 요청합니다.

증인 요청을 받아들이겠습니다.

한손에는 빨간 확성기를 들고 다른 한손에는 스피커를 든 50대 중반의 남성이 귀마개를 하고 증인석에 앉았다.

물고기는 소리를 듣거나 낼 수 있습니까?

소리를 듣고 낼 수 있습니다.

언제부터 물고기가 소리를 듣고 낼 수 있다는 것을 알아냈습니까?

나라마다 조금씩 다릅니다. 고대 중국에서는 금붕어를 작은 종으로 유인해 먹이가 있는 곳으로 모이게 하였지만, 같은 시기 독일에서는 물고기는 소리를 들을 수 없다고 생각했습니다.

그럼 독일에서는 언제부터 물고기가 소리를 들을 수 있다는 것을 알아냈습니까?

독일의 동물학자이자 노벨상 수상자인 형태학자 카를 폰 프리슈는 물고기의 청력이 인간보다 좋다는 사실을 증명했습니다. 프리슈가 연구한 아메리카메기는 휘파람 소리에 반응했습니다.

물고기는 어떻게 들을 수 있습니까?

물고기는 바깥에 귓구멍이 없긴 하지만 모든 척추동물들이 그렇듯이 소리를 지각하는 내이가 있습니다. 많은 물고기들은 부력 조절이 핵심 기능인 부레가 음향 증폭기 역할까지 합니다. 부레는 소리에 자극을 받아 진동을 일으키는 일종의 체내 고막인 셈이지요. 진동은 막과 액체를 통해서 내이로 전달되거나 아니면 작은 뼈들을 거쳐 훨씬 더 효과적으로 전달됩니다.

그럼 물고기가 소리를 내는 원리는 어떻습니까?

수백 종의 어류가 소리를 냅니다. 어떤 어류는 부레를 이용해서 으르렁거리는 소리를 내는데 이때 부레는 근육에 의해 진동 상태가 됩니다. 수컷이 놀라울 정도로 큰 코고는 듯한 소리나 꿀꿀거리는 소리, 북치는 소리나 꽥꽥거리는 소리를 내는 민어과 물고기들도 이와 비슷한 방법을 씁니다. 더욱 특이한 것은 하스돔류입니다. 이 물고기들은 이빨을 가는 소리를 내는데 부레를 통해 크고 분명한 꿀꿀거리는 소리로 증폭됩니다.

물고기는 벙어리이며 소리를 듣지 못한다고 생각하는 것은 분명 잘못된 것입니다. 물고기는 어떤 생명체보다도 청력이 좋으며 많은 물고기는 소음을 유발할 정도로 큰 소리를 냅니다. 따라서 희귀 물고기 전시관의 물고기가 운율 마을을 시끄럽게 한 소음의 주요 원인임을 주장합니다. 따라서 희귀 물고기 전시관은 소음에 책임을 지고 조치를 취해야 할 것입니다.

물고기는 소리를 내지 못한다는 피고 측 주장은 틀렸다고 판단됩니다. 물고기도 부레를 이용하여 큰 소리를 낼 수 있으며 운율 마을의 소음은 희귀 전시관 물고기에서 발생한 소음이

라고 결론을 내립니다. 따라서 희귀 물고기 전시관에서는 이른 시일 안에 전시관 외부에 방음 공사를 하여 방음 처리를 하도록 하십시오. 이상으로 재판을 마치도록 하겠습니다.

재판 후 희귀 물고기 전시관 측은 방음 공사를 했다. 그 후 다시 조용해진 운율 마을에서는 많은 시인들이 아름다운 시를 계속 지을 수 있었다.

부레는 물고기가 물속에 가라앉고 일정한 깊이에 정지해 있을 수 있게 해주는 기관으로, 부레 안에는 산소와 같은 기체가 채워져 있어 그 양에 따라 부력을 조절할 수 있다.

비버 때문에 물고기가 줄었잖아요?

비버가 물고기를 잡아먹었을까요?

아름다운 강으로 유명한 마을이 있었다. 이 마을의 강은 너무 투명해서 속이 다 보일 정도였다. 그래서 강에 알록달록한 물고기들이 헤엄쳐 지나가면 마치 물속에서 하늘거리는 천이 떠내려가는 것처럼 보이기도 했다. 이렇게 깨끗한 강에 건강하고 예쁜 물고기가 많이 있는 것은 당연했다. 그래서 강에는 아름다운 물고기들이 떼를 지어 살고 있었다.

"역시 여기가 낚시하기엔 최고야."

"그럼, 물고기도 많이 잡히고 또 강을 보는 것만으로도 정신이 맑아지는데~!"

"일석이조구만! 허허허."

물고기도 많고 경치도 좋기 때문에 전국의 많은 낚시꾼들이 이 곳을 찾았다. 이 강 주변에 낚시꾼들이 많이 온다는 소식을 들은 뭐든팔아 씨는 강 주변에 낚시용품과 간단한 음식을 파는 가게를 차렸다. 그리고 뭐든팔아 씨는 오가는 낚시꾼들과 이런저런 이야기를 나누는 것을 좋아했다. 하루는 미끼를 사러온 낚시꾼이 뭐든팔아 씨에게 말을 걸었다.

"여기 수입이 짭잘하죠?"

"다른 가게들보다야 잘 버는 편이죠. 낚시하러 오는 사람들이 이렇게나 많은데요."

"역시 이 강이 유명하기도 하고 좋기도 좋은가 봐요."

"그럼요. 이 강 덕분에 제가 먹고 사는데요."

뭐든팔아 씨는 정말 이 가게를 운영하면서 많은 돈을 벌고 있었다. 그래서 뭐든팔아 씨는 가게를 옮기지 않고 항상 강 주위에 있었기 때문에 강에서 일어나는 모든 일은 다 알고 있었다. 그러던 어느 날 뭐든팔아 씨 가게에 한 사람이 껌을 사러 들어왔다. 그런데 그 사람 뒤를 따라 비버가 들어왔다. 비버를 처음 본 뭐든팔아 씨는 주인인 것처럼 보이는 비버내꺼 씨에게 말을 걸었다.

"이 동물 비버 아닙니까?"

뭐든팔아 씨는 가게를 돌아다니는 비버를 가리키며 말했다. 그러자 비버내꺼 씨는 돈을 내밀면서 뭐든팔아 씨에게 말했다.

"아. 맞습니다."

"비버를 데리고 어디 가세요?"

"네. 여기 자연이 좋아 산책 겸 나왔습니다."

"사람을 잘 따르나 봐요?"

"이 녀석 혼자도 잘 다녀요."

비버내꺼 씨는 멀리 있는 비버에게 오라고 손짓했고 비버는 손짓을 보고 주인 쪽으로 왔다. 그리고 함께 가게를 나갔다. 뭐든팔아 씨는 이런 물 좋고 공기 좋은 곳이면 비버 같은 동물들도 틀림없이 좋아할 거라고 생각했다. 그리고 며칠 후, 뭐든팔아 씨는 강가에 비버 혼자 산책 나오는 걸 보았다. 사람이 없는 강가 쪽에 있기도 하고 저기 나무 있는 쪽으로 가기도 하며 돌아다니기도 했다. 그리고 그 비버가 이제 사람들 눈에 띄기 시작했다.

어느 날 평소 뭐든팔아 씨와 친한 낚시꾼이 뭐든팔아 씨에게 말했다.

"아, 뭐든팔아 씨, 여기 비버가 자주 보인다는 소문 들었어?"

"아~ 비버 말이야?"

"그래. 요즘 자주 보인다고 하더라고."

"그 비버 주인 있어. 저번에 우리 가게에 같이 껌 사러 왔었어."

"주인 있는 비버였어? 여기서 산책이라니……."

"물 좋고 공기 좋은데 산책 못할 건 뭐 있나."

"그래도 그렇게 풀어놓고 키우면 다른 낚시꾼들이 놀라잖아."

"뭐 어때 해치지도 않는데."

시간이 지나자 비버가 강가에서 산책하는 것을 본 낚시꾼들이 많아졌지만 비버를 잡거나 공격하는 사람은 없었다. 그냥 그러려니 하면서 산책하는 비버를 보고는 다시 낚시에 집중하는 사람들이 대부분이었다. 그런데 어느 날부터 낚시꾼들에게 불만이 생겼다.

"거기 월척낚아 씨. 요즘 고기 많이 잡혀요?"

흐르는 강 한쪽에 자리를 잡고 앉아 낚싯대를 던져두고서 아무리 기다려도 물고기가 한 마리도 잡히지 않자 답답한 나머지 옆에 있는 월척낚아 씨에게 물었다. 그러나 월척낚아 씨도 마찬가지였다.

"아니, 영~ 물고기가 없는 것 같애."

"그렇죠? 물고기 떼들이 잘 보이지 않아요."

"물고기들이 다 어디로 간 거야?"

"이제 다른 낚시터로 갈 때가 된 것 같네요."

낚시꾼들의 불만은 많고 많던 물고기 떼들이 어느 순간부터 많이 줄어든 것이었다. 그래서 노련한 낚시꾼도 한두 마리 정도밖에 낚지 못했고, 속이 비치는 투명한 강을 들여다봐도 물고기들이 잘 보이지 않았다. 물고기가 줄어들자 낚시꾼들의 낚싯대에 물고기가 잘 걸리지 않았고 낚시꾼들은 슬슬 다른 낚시터로 가려고 했다. 여러 낚시꾼들에게 그 사정을 들어 알게 된 뭐든팔아 씨는 이래서는 안 된다는 생각이 들었다.

'낚시꾼들이 다른 곳으로 가버리면 이 가게는 망할게 뻔해.'

뭐든팔아 씨의 가게에 오는 사람들은 대부분 낚시꾼들이었기 때문이었다. 그래서 뭐든팔아 씨는 갑자기 물고기가 줄어든 이유를 찾아야겠다고 결심했다. 그래서 가게 문까지 닫고 강가를 돌아다녔다.

"물고기가 왜 줄었을까……."

고민하면서 강가를 걷던 뭐든팔아 씨 눈에 아직 강가를 산책하고 있는 비버가 보였다.

"설마 저 비버 때문에?"

최근에 갑자기 물고기 수가 줄어든 것이기 때문에 비버를 의심하지 않을 수 없었다. 문득 비버가 물고기를 잡아먹어서 물고기들이 갑자기 줄어든 게 아닌가 하는 생각이 들었다.

"그래! 저 비버 때문이야! 비버가 물고기를 다 먹어 버려서 그런 걸 거야!"

뭐든팔아 씨는 물고기가 줄어 버린 것이 비버 때문이라고 생각하고 비버의 주인을 찾아갔다. 이 문제를 따져서 얼른 물고기를 되돌려 놓아야 가게에 다시 손님이 몰려올 것이기 때문이었다.

"저 기억하시죠? 강가에 있는 가게 주인인데요."

"기억하죠. 웬일이시죠?"

"비버 때문에 강에 물고기들이 줄어든 걸 아십니까?"

갑자기 찾아와 강에 물고기가 줄어든 게 비버 때문이라고 하니 비버내꺼 씨는 당황할 수밖에 없었다.

"비버 때문에요?"

"네! 비버가 물고기들을 다 잡아먹어서 물고기 떼들이 줄어들었어요! 그 때문에 낚시꾼들도 줄어들어 가게는 쫄딱 망하게 생겼다고요!"

"비버는 물고기를 먹지 않아요."

"거짓말하지 마세요! 분명히 비버 때문이라구요."

뭐든팔아 씨는 결국 물고기를 잡아먹는 비버를 낚시터에 풀어둔 비버내꺼 씨를 생물법정에 고소했다.

비버는 전형적인 초식동물입니다.

비버 때문에 물고기가 줄어들었을까요?

생물법정에서 알아봅시다.

재판을 시작하겠습니다. 낚시터 주위에 돌아다니는 비버가 사건의 중요한 열쇠입니다. 물고기가 줄어드는 것이 비버의 책임이라고 생각하십니까? 원고 측 변론을 들어 보겠습니다.

원고는 그동안 낚시터 주변에서 가게를 운영해 왔습니다. 지금까지는 물이 아주 깨끗하여 낚시터에는 물고기가 많이 살았습니다. 물론 지금도 물이 더러운 것은 아닙니다. 하지만 얼마 전부터 물고기가 줄어들고 있습니다. 물고기가 줄어드는 것은 이상한 일이라고 볼 수밖에 없습니다.

특별한 이유 없이 물고기가 줄어드는 까닭이 무엇이라고 생각합니까?

생각해 보면 특별한 이유가 없는 것이 아닙니다. 비버가 낚시터 주위를 산책하기 시작하면서부터 물고기가 줄어들었으니까요. 우연의 일치라고 보기에는 비버가 낚시터에 나타난 것과 낚시터 물고기가 줄어든 시기가 너무도 잘 들어맞습니다. 게다가 비버의 몸집이 작은 것도 아니기 때문에 비버가 먹는 물고기의 양은 무시할 수 없을 것입니다. 따라서 비버가 낚시터에 나타나지 않도록 해줄 것을 요청합니다.

비버의 식성이 어떤지를 알아야 하지 않을까요? 비버가 육식, 채식, 잡식 중에서 어느 식성을 가졌는지 확실하지 않으니 장담할 수 없습니다. 피고 측 변론을 들어 보겠습니다. 비버에 대해 변론하십시오.

원고 측은 비버에 대해 아무것도 알지 못하면서 물고기를 줄게 한 범인으로 비버를 지목하고 있습니다.

비버가 범인이 아니라는 증거가 있습니까?

동물 연구가 한식성 박사님을 증인으로 모셔서 비버의 특성과 식성에 대해 들어 보도록 하겠습니다.

증인 요청을 받아들이겠습니다.

양손에 포크와 나이프를 각각 들고 목에는 턱받침을 한 50대 중반 남성이 법정 안으로 들어왔다. 옷차림은 그가 동물 식성 연구에 빠져 있음을 보여주고 있었다.

비버는 어떤 동물입니까?

비버의 겉모습은 큰 땅다람쥐와 비슷하지만 귀는 작고, 꼬리는 배의 노와 같이 편평하며 비늘로 덮여 있습니다. 뒷발에 물갈퀴가 발달해 있고, 몸 빛깔은 밤색에서 거의 검은빛에 가까운 색까지 매우 다양하며, 몸길이 60~70cm, 꼬리 길이

33~44cm, 몸무게 20~27kg입니다. 또한 수중 생활에 적응되어 있으며 댐을 만드는 것으로 유명합니다. 나무를 갉아 대는 능력이 뛰어나서 보통 지름 5~20cm의 나무를 가볍게 넘어뜨리는데, 때로는 지름이 1m가 넘는 나무도 단시간에 넘어뜨립니다. 행동권의 여기저기에 항문에서 나는 냄새를 묻혀 다른 비버의 침입을 막습니다. 사람과 같은 적에 민감하여 수면을 꼬리로 두드려서 800m 이상 떨어져 있는 동지들에게까지 위험 신호를 보낼 수 있습니다.

낚시터의 물고기가 줄어드는 이유는 비버가 물고기를 잡아먹기 때문입니까?

비버는 초식동물이고 물고기는 손도 대지 않습니다. 체중이 평균 25kg 정도로 유럽에서 가장 몸집이 큰 설치류인 어른 비버는 하루 5kg 정도의 식물을 먹어야 합니다. 여름에는 풍부한 수중식물과 수변식물 덕분에 먹이 조달에 별문제가 없지만 겨울에는 식량이 부족하지요. 따라서 비버는 평생 동안 계속 자라는 거대한 이를 이용해서 비상식량을 준비해 둡니다.

비버는 어떻게 식량을 준비하나요?

비버는 영양분이 많은 잔가지의 껍질을 얻기 위해 굵은 나무들도 겉보기에는 전혀 힘들이지 않고 넘어뜨립니다. 집과 통나무 댐을 짓기 위해 큰 가지를 쓸 때도 있는데 이런 댐으로 물길을 막아 못을 만들어 자신만의 서식 공간을 확보하지요.

비버의 댐을 만드는 실력은 어느 정도입니까?

비버는 나무를 넘어뜨리기 위해 줄기가 모래시계 모양이 될 때까지 사방에서 갉아 먹습니다. 흔히들 나무가 어디로 쓰러질지 비버가 미리 계산한다고 생각하지만 그렇지는 않습니다.

나무가 어디로 쓰러질지 계산하지 못한다고 하셨는데 비버가 쓰러뜨린 나무들이 대부분 강 쪽으로 넘어지는 이유는 무엇인가요?

나무들이 주로 물 쪽으로 쓰러지는 것은 물가에서 자라는 나무들이 대부분 물 쪽으로 약간씩 기울어져 있거나 가지가 그 쪽으로 더 많이 뻗어 있어서 그렇습니다. 어떤 비버는 자기가 갉은 나무에 깔려 죽기도 한답니다.

비버의 나무 갉는 능력은 정말 탁월하군요. 하지만 자기가 죽을 정도라면 좀 자제해야겠네요. 하하하. 비버는 전형적인 초식동물로서 물고기는 먹지 않는다고 합니다. 따라서 낚시터의 물고기가 줄어든 것은 비버 때문이 아닙니다.

비버는 초식동물이기 때문에 낚시터 근처에 있는 나뭇잎을 많이 따 먹었을 수는 있지만 물고기는 먹지 않았을 것으로 판단됩니다. 따라서 비버를 낚시터에 접근하지 못하도록 해야 한다는 원고의 주장을 받아들일 수 없으며 낚시터의 물고기가 줄어드는 원인은 다시 찾아보아야 할 것입니다. 이상으로 재판을 마치도록 하겠습니다.

재판 후, 낚시터의 물고기가 줄어드는 원인이 비버가 아니라는 것을 알게 된 뭐든팔아 씨는 비버내꺼 씨에게 사과했다. 그 후, 비버내꺼 씨는 사과를 받아들이고 물고기가 줄어드는 원인을 알아내기 위해 함께 노력해 주었다.

북아메리카의 동물

미국, 캐나다와 같은 북아메리카 지역에 주로 사는 동물로는 비버, 캐나다호저, 아메리카너구리, 퓨마, 바이슨 등이 있다. 특히 바이슨은 다른 이름으로 아메리카들소라고도 불린다.

도마뱀 싸움 대회

도마뱀은 왜 싸움에서 졌을까요?

매주 마다 열리는 도마뱀 싸움 대회가 있다. 거기서 항상 이기는 도마뱀이 있었는데 그 도마뱀은 일등내꺼 씨의 도마뱀이었다. 이번 싸움에서도 또 일등내꺼 씨의 도마뱀이 이기자 구경하고 있던 사람이 일등내꺼 씨에게 부럽다는 듯이 말했다.

"이번에도 또 이겨서 좋겠어."

"그럼요. 우리 도마뱀은 한 번도 진적이 없어요."

"두 번 칭찬하다가는 도마뱀한테 뽀뽀하겠네."

"못할 거 뭐있어요. 이 깨끗한 피부하며 날렵하게 공격하는 저

꼬리! 그리고 날카로운 턱선까지 얼짱에 몸짱인 우리 도마뱀을 누가 이기겠어!"

도마뱀에 대한 자부심이 강한 일등내꺼 씨는 언제나 싸움에서 이겨주는 자신의 도마뱀에게 고마워하고 있었다. 이 도마뱀은 다른 도마뱀과 특히 달랐다. 땅을 천천히 기어 다니는 다른 도마뱀과 달리 일등내꺼 씨의 도마뱀은 언제나 발로 뛰어다녔고 다른 도마뱀들이 꼬리를 전혀 움직이지 않는 것과 달리 언제나 꼬리를 흔들면서 근육을 키워왔다. 그러니 안 이길 수가 없었다.

"일등내꺼 씨. 이번 도마뱀 싸움 대회에서 이긴 것 축하합니다!"

싸움에서 이기고 나서 이제 집에 갈 준비를 하고 있던 일등내꺼 씨에게 기자가 다가왔다.

"감사합니다. 그런데 누구신지?"

"아, 저는 빠른신문에서 나온 다건져 기자입니다. 이번 건을 취재하고 싶어서 왔는데요."

"네. 우리 도마뱀에 대해서라면 얼마든지 취재하셔도 됩니다."

도마뱀에 대해서 취재하고 싶어 한다는 말에 일등내꺼 씨는 기뻐하며 인터뷰에 응했다. 도마뱀을 알리고 승리를 축하하기 위한 것이면 어떤 것도 마다하지 않았다.

"이번에 또 우승하셨는데 따로 훈련을 시키시나요?"

"아니요. 그냥 평소에 잘 뛰어놀게 합니다."

"아, 그러면 따로 훈련시키는 사람이 없다는 거네요. 그러다가 훈련을 받은 다른 막강한 도마뱀이 나오면 어떻게 대응하실 생각이십니까?"

"네? 아……. 그것은……."

일등내꺼 씨는 그 물음에 말문이 막혔다. 아직 따로 훈련을 시켜야한다는 생각은 해보지 않았기 때문에 뭐라 할 말이 없었던 것이다. 인터뷰를 마치고 일등내꺼 씨는 곰곰이 생각했다.

'우리 도마뱀에게도 새로운 코치가 필요한 것 같아.'

결국 일등내꺼 씨는 계속 싸움에서 이기기 위해서는 도마뱀도 훈련이 필요하다고 생각했고 새로운 코치를 영입하기로 결정했다. 그래서 마을에서 가장 몸이 좋은 권상유 씨를 코치로 정했다.

"자네, 우리 도마뱀 인기가 어느 정도인 줄 알지?"

"네, 저도 일등내꺼 씨네 도마뱀 사진이 있는 티셔츠를 샀는 걸요."

사실 마을 안에서 일등내꺼 씨의 도마뱀의 인기는 배욘준보다 더 높았다. 마을의 명물이었기 때문에 마을을 알리는 겸해서 일등내꺼 씨 도마뱀 사진이 붙은 티셔츠를 관광 상품으로 팔기도 한 것이다.

"그래. 얼마나 인기가 많은 줄 아는군. 그럼 우리 도마뱀 잘 부탁하네."

"걱정 마십시오. 제가 도마뱀에게 제대로 코치하겠습니다.

일등내꺼 씨는 자신감 넘치는 권상유 코치를 믿고 사랑스러운 도마뱀을 맡겼다. 그런데 일등내꺼 씨의 도마뱀이 싸움에서 또 이긴지 며칠이 지나지 않아 도전장이 날라왔다. 평소 일등내꺼 씨의 도마뱀 싸움을 유심히 지켜보고 있던 대결하자 씨의 도전장이었다.

"우리 도마뱀의 힘이 얼마나 강력한지 보여주마."

"감히 우리 도마뱀을 넘봐? 항상 이기기만 하는 우리 도마뱀을 잘 알지 않나?"

"내가 괜히 이렇게 도전장을 내밀겠나. 우리 도마뱀도 훈련을 거듭해서 강한 도마뱀으로 다시 태어났다. 내일 낮 한시. 도마뱀 싸움 대결장에서 보자."

"하나도 두렵지 않다!"

다른 도마뱀의 도전신청을 별로 대수롭게 여기지 않고 있었던 일등내꺼 씨의 귀에 무서운 소문이 들려왔다. 바로 대결하자 씨의 도마뱀이 장난 아니게 강해졌다는 말이었다. 그래서 어쩌면 일등내꺼 씨의 도마뱀을 이길 수도 있을 것이라는 추측까지 나돌고 있었다.

"이거 얕봐서는 안 되겠네."

일등내꺼 씨는 그때야 상대가 얼마나 강력한지 깨달았고 그 사실을 코치인 권상유 씨에게 전해줬다.

"그렇게 강하단 말입니까?"

"그렇다니깐. 그러니깐 잘 좀 코치해."

그리고 다음날이 밝았다. 유난히 햇빛이 좋은 날에 시간에 맞춰서 대결장으로 갔다. 대결장에는 벌써 대결하자 씨의 도마뱀이 준비를 하고 있었다. 그 모습을 보고서는 약간 기가 죽은 권상유 코치는 도마뱀을 꺼내서 자신도 준비를 시키려고 했다. 하지만 땡볕이 너무 쨍쨍해 모자가 아니면 눈을 제대로 뜰 수 없는 날이었다. 그래서 권상유 코치는 자신의 썬크림을 꺼냈다.

"도마뱀아. 아무리 그래도 이 햇빛에 너의 고운 피부가 다 타겠다. 내가 안타도록 썬크림 발라줄게."

얼짱에 몸짱이라는 타이틀을 가진 도마뱀이었기 때문에 권상유 코치는 이 대결로 인해서 도마뱀의 얼굴이 타는 것을 가만히 두고 볼 수 없었다. 그래서 신경 써서 자신의 썬크림을 고루 펴 발라주었다. 그때 도마뱀 싸움 대회의 심판이 시간이 다되었음을 알렸다.

"자. 대결 시작 시간입니다."

썬크림을 마저 발라주던 코치는 도마뱀에게 파이팅을 외치며 대결장 안에 도마뱀을 넣었다.

"그럼 시작합니다."

시작하는 소리와 동시에 두 사람은 도마뱀을 놓았고 도마뱀은 공격하기보다는 먼저 상대를 살피고 있었다. 그러다가 갑자기 대결하자 씨의 도마뱀이 공격했다. 처음 공격이 시작되면 이제 본격적으로 싸움이 시작되는 것이었다. 하지만 이상하게도 일등내꺼 씨의 도마뱀이 좀처럼 공격을 하지 않고 있었다.

"어, 우리 도마뱀이 왜 공격을 안 하지?"

계속 다른 도마뱀의 공격만 받을 뿐 힘 한번 쓰지 않고 계속 제

자리에 있기만 했다. 그 틈을 타서 대결하자 씨의 도마뱀이 계속 공격을 했고 결국 더 이상 맞는 걸 볼 수 없었던 일등내꺼 씨가 기권을 외쳤다. 결국 졌다는 걸 인정하는 의미였다.

"아싸! 우리 도마뱀이 이겼어! 새로운 강자로 떠올랐어!"

대결하자 씨는 도마뱀을 얼싸안고 기분이 좋아 덩실덩실 막춤을 추고 있었다. 하지만 좀처럼 힘을 쓰지 않고 어이없게 져버린 도마뱀을 손에 얹은 일등내꺼 씨의 마음은 착잡했다. 일등내꺼 씨는 갑자기 이렇게 져버린 이유가 코치 때문이라고 생각했다.

"내가 관리할 때는 한 번도 진적이 없었는데 당신이 코치를 맡은 후에 이렇게 졌어요!"

"그게 왜 저 때문입니까?"

"당신 때문이죠! 당신이 제대로 코치를 안했기 때문이잖아요!"

"저는 오늘 탈까봐 썬크림까지 발라줬는데……."

"아무튼 당신이 코치를 잘 못해서 진거니깐 당신이 책임을 져요!"

그래서 결국 일등내꺼 씨는 도마뱀이 이번 경기에서 진 것에 대한 책임을 코치에게 묻기 위해 생물법정에 의뢰했다.

자외선 색이 많이 나오는 수컷 도마뱀은
우세한 능력을 갖고 있는 것입니다.

도마뱀이 싸움에서 진 이유는 무엇일까요?

생물법정에서 알아봅시다.

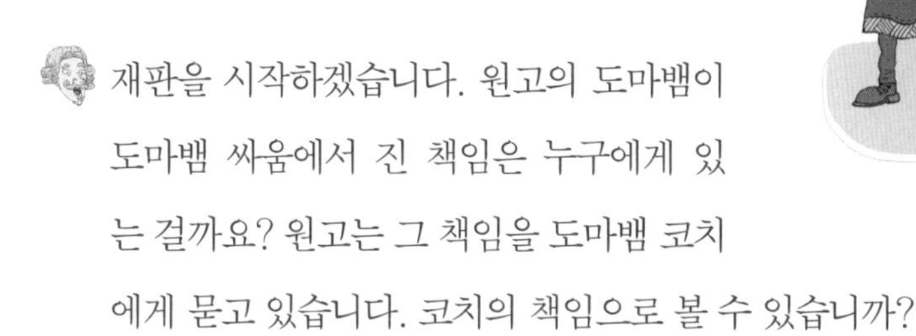

재판을 시작하겠습니다. 원고의 도마뱀이 도마뱀 싸움에서 진 책임은 누구에게 있는 걸까요? 원고는 그 책임을 도마뱀 코치에게 묻고 있습니다. 코치의 책임으로 볼 수 있습니까?

코치는 도마뱀을 훈련시키는 데 최선을 다했습니다. 코치가 노력했음에도 도마뱀이 시합에서 진 것은 도마뱀의 컨디션이 좋지 않았거나 자외선이 너무 강해서 도마뱀이 기운을 쓰지 못한 것입니다.

도마뱀의 컨디션이 좋지 않았다면 컨디션 조절에 신경을 쓰지 못한 것도 코치의 잘못 아닐까요? 그리고 자외선은 햇볕이 내리 쬐는 시합장의 두 도마뱀 모두가 느끼는 것 아닌가요? 원고 측의 도마뱀이 허무하게 시합에서 진 원인에 대한 증거는 없습니까?

도마뱀은 코치의 무지함때문에 진 것입니다.

코치가 무식하다는 건가요? 판사님 이건 인격모독입니다.

생치 변호사 진정하십시오. 비오 변호사의 뜻은 그런 것이 아닌 것 같습니다. 비오 변호사의 말은 코치의 잘못으로 도마뱀이 허무하게 졌다는 건가요?

그렇습니다. 도마뱀의 특성을 잘 모르고 있었기 때문에 도마뱀이 질 수밖에 없었습니다.

도마뱀이 어떤 특성을 가지고 있습니까?

도마뱀에 대한 연구를 하고 계시는 파충사랑 박사님을 증인으로 모셔서 도마뱀이 시합을 할 때 나타나는 특성에 대해 알아보도록 하겠습니다.

증인요청을 받아들이겠습니다.

도마뱀과 전갈 등 파충류들을 어깨 위 여기저기에 올린 50대 초반의 남성이 썬크림을 두껍게 발라 하얗게 변한 얼굴로 증인석에 앉았다.

원고의 도마뱀이 시합에서 진 것은 무엇 때문입니까?

코치의 잘못이라고 생각됩니다.

코치가 도마뱀을 잘못 관리한 것입니까?

꼭 그렇다기보다는 시합 전에 자외선 차단제를 바른 것이 잘못이지요.

코치는 도마뱀이 자외선이 피부에 자극이 될까 걱정되어서 자외선 차단제를 바른 것입니다. 자외선 차단제를 바르면 안 됩니까?

동물들 중에서 상대를 제압할 때 자외선을 동원하는 동물들이 있습니다. 도마뱀도 그 중에 하나입니다. 아프리카 아우흐라비스 납작 도마뱀 수컷을 조사한 결과 싸울 때 상대 목덜미의 자외선을 보고 적을 판단한다는 점을 알아냈습니다. 도마뱀의 목덜미에 자외선 차단제를 바른 결과 상대 도마뱀에게서 공격을 더 많이 받는다는 사실을 발견했습니다.

자외선이 어떤 역할을 하는 건가요?

자외선 차단제를 발라서 도마뱀이 싸울 때 불리한 상황에 놓이게 만들었습니다. 자외선 색이 수컷에서 많이 나오면 수컷 도마뱀이 우세한 능력을 말해 주는 것이기 때문입니다. 자외선이 나오지 않는 수컷은 능력이 떨어지는 것으로 판단해 공격을 더 많이 받는 것이지요.

코치가 원고의 도마뱀에게 자외선 차단제를 바르지 않았다면 원고의 도마뱀이 그렇게 쉽게 싸움에서 무너지지 않았을 것입니다. 따라서 도마뱀이 싸움에서 크게 진 것은 도마뱀에게 자외선 차단제를 바른 코치의 책임입니다.

자외선 차단제가 도마뱀에게는 치명적인 영향을 주었군요. 도마뱀 싸움에서 진 원고의 도마뱀은 사기가 떨어지고 공격을 받아 상처도 많이 입었겠군요. 코치는 도마뱀을 돌보는 직업을 가지고 있으면서 도마뱀에 대한 특징이나 상태를 제대로 파악하지 못한 책임이 있습니다.

자외선을 무기로 싸운다고 볼 정도로 자외선이 중요한 도마뱀에게 자외선 차단제를 바름으로써 싸움에서 질 수밖에 없도록 만든 책임이 크다고 보입니다. 피고는 본인의 책임이 있음을 인정하고 도마뱀의 치료를 책임지고 돌보도록 해야 할 것입니다. 또한 다음 시합을 대비하여 도마뱀의 사기를 충전시켜 주어야 할 것입니다. 이상으로 재판을 마치겠습니다.

재판 후, 자외선 차단제 때문에 질 수 밖에 없었다는 것을 알게 된 코치는 일등내꺼 씨에게 사과를 했다. 그 후 다시 건강을 회복하기 위해 정성껏 돌봤고, 그 후 대결하자 씨의 도마뱀과 다시 붙어 당당하게 승리했다.

도마뱀은 자신의 꼬리가 적에게 잡히면 꼬리를 끊어버리고 도망치는 성질이 있는 데 도마뱀의 잘린 꼬리는 다시 자라난다.

과학성적 끌어올리기

도시 개미가 더위에 강하다.

대도시에 사는 개미가 다른 개미보다 더위에 더 잘 견딘다는 연구 결과가 나왔습니다. 미국 인디애나 주립대 마이클 안길레타 교수팀은 남아메리카에서 가장 큰 도시인 상파울루와 그 외곽 지역에 사는 개미를 모아 실험 용기에 넣고 온도를 42℃까지 올렸습니다. 그 결과 상파울루 개미가 외곽 지역 개미보다 20%나 더 오래 살아남았습니다. 연구팀은 '도시화가 이뤄진 곳은 주변보다 온도가 10℃ 이상 높다'며 '동물이 우리 예상보다 빨리 지구 온난화에 적응하면서 진화하고 있음을 보여 주는 결과'라고 설명했습니다.

생물은 온대지방서 빨리 진화

생물은 위도가 낮은 열대 지방보다 위도가 높은 온대 지방에서 더 빨리 진화한다는 연구 결과가 나왔습니다. 캐나다 브리티시컬럼비아대 동물학과 연구팀은 지난 100년간 새로 등장한 종과 위도의 관계를 분석한 결과 멸종률이 높은 온대 지방에서 생물이 더 번성한다는 사실을 알아내 과학 저널 〈사이언스〉에 발표했습니다.

동물 약 300종이 진화한 과정을 분석한 결과 새로운 종으로 분화하는 기간이 온대 지방이 훨씬 더 짧다는 것. 이 결과는 살기 좋은 열대 지방에서 새로운 생물이 더 빠르게 번성할 것이라는 지금까지의 예상을 뒤집는 것입니다.

물고기도 잠을 자나요?

눈꺼풀이 없어 눈을 뜨고 자지만 물고기도 분명히 잠을 잡니다. 밤에 자는 물고기로는 숭어, 잉어, 망둥이 등이 있고, 낮에 자는 물고기는 광어, 가자미 등이 있습니다. 민물고기는 모래에 몸을 숨기고 자지만 바다에 사는 물고기는 무리를 지어 끊임없이 움직이니까 헤엄을 치면서 잠깐씩 잡니다.

꺄오~ 역시 모래 이불이 제일 따뜻해.
지금은 취침중
쉿!

제3장

동물의 신기한 행동에 관한 사건

뱀 – 뱀의 비행

나무늘보 – 나무늘보야 죽었니?

자귀어 – 날치는 나는게 아니야

뱀 – 몽구스와 뱀의 대결

올빼미 – 피그미 올빼미

뱀의 비행

뱀이 날 수 있을까요?

과학공화국에서 제일 인기 있는 티비 프로그램은 '저것이 알고 싶다' 이다. 이 프로그램은 엠씨가 있고 초대 손님을 모셔서 이야기를 주고받는 토크쇼인데 안졸리나 졸리나 콤크루즈 등 세계적으로 유명한 배우들은 물론, 각 계에서 인정받는 학자들까지 여러 사람들이 출현하는 프로그램이다. 그래서인지 항상 시청률이 50%를 넘었다.

이 프로그램에서 이번에 '동물의 날' 을 기념해서 동물에 대해 얘기하는 시간을 갖기로 했다.

"네, 시청자 여러분 안녕하십니까. 오늘도 이렇게 찾아뵙게 되었습니다. 저번 시간에는 물속에 사는 동물에 대해서 열띤 얘기를 했던 것 기억하십니까? 그때의 열렬한 성원에 힘입어 이번 시간에는 날 수 있는 동물에 대해서 많은 얘기 나눠 보겠습니다."

토크쇼답게 사회자 아나운사 씨가 무대 중앙에 나와서 노련한 말솜씨로 프로그램의 시작을 열었다. 그리고 뒤에 준비되어 있는 편안한 소파에 앉아서 본격적인 얘기를 나누기로 했다.

"동물에 대해서 아무것도 모르는 제가 혼자 동물에 대해 말할 수는 없겠지요? 그래서 이번에도 전문가이신 동물학자 아니멀 씨를 모시겠습니다. 박수로 맞아주세요."

아나운사 씨가 먼저 박수를 치자 앞에 앉아있는 많은 방청객들도 박수를 치기 시작했다. 그리고 뒤에 있는 문에서 40대 후반 정도로 되어 보이는 아니멀 씨가 양복을 갖춰 입고 소파가 있는 쪽으로 걸어 나왔다.

"네, 반갑습니다. 아니멀 씨."

"이렇게 초대해 주셔서 감사합니다."

서로 인사를 나누고 소파에 앉았다. 미리 말하자면 아니멀 씨는 조금 소심한 성격이었다. 주로 동물과 함께해서 그런지 작은 것에도 상처를 받고 슬퍼하곤 했다. 예를 들면 잘못해서 길을 걷다가 개미라도 밟으면 깜짝 놀라면서 슬픈 목소리로 이렇게 얘기하곤 했다.

"어머, 개미야. 미안해……. 내가 너를……."

그렇게 소심한 아니멀 씨는 이번 방송 출현에도 많은 결심을 했어야만 했다. 그래도 시청률이 높은 이 방송에 출현하게 돼서 좋은 이미지를 얻게 되면 지금 아니멀 씨가 추진하고 있는 멸종 위기 동물을 위한 프로젝트에 많은 도움이 될 것이라고 생각해 고심 끝에 방송에 출현하기로 한 것이었다.

"아니멀 씨는 이때까지 많은 동물을 연구해 오셨죠?"

"네, 웬만한 동물 말고는 다 연구를 했죠."

"저희가 제대로 모신 것 같네요. 그럼 이제 구체적으로 얘기를 나눠 보죠."

아나운사 씨가 인사를 마치고 본격적으로 날아다니는 동물에 대해서 얘기를 한다고 했을 때 아니멀 씨의 심장은 정말 두근거리는 소리가 방청객도 들릴 정도로 크게 뛰고 있었다. 생방송으로 진행되는 터라 많이 긴장하고 있는 탓이었다.

"보통 날아다니는 동물이라고 하면 새 종류만 생각하실 수 있는데요. 사실 새 말고도 날 수 있는 동물들이 있다고 합니다. 그렇죠? 아니멀 씨?"

아니멀 씨에게 갑자기 온 질문이었다. 아니멀 씨는 땀이 나는 손을 잡고서 입에서 나오는 대로 대답했다.

"네……. 그, 그렇습니다. 새 말고도 날 수 있는 동물이 있지요."

"어떤 것들이 있습니까?"

"아…… 그것은…… 날다람쥐도 날 수 있고, 뱀도 날 수 있고,

또…….”

아니멀 씨가 날 수 있는 동물을 더 생각하고 있을 때 갑자기 사회자인 아나운사 씨가 말했다.

“네? 뱀이요?”

“네…… 그렇습니다…… 뱀도…….”

“아니멀 씨는 잘생긴 줄만 알았는데 농담도 잘 하시네요~!”

아나운사 씨는 웃으면서 아니멀 씨의 어깨를 살짝 쳤다.

“네? 농담…… 아닌데요…….”

“뱀이 걷지도 못하는데 어떻게 날 수 있단 말입니까~!”

당황한 아니멀 씨는 적절한 대답도 찾지 못한 채 더듬더듬 아니라는 말만 반복했다. 그리고 아나운사 씨는 웃으면서 아니멀 씨의 말을 농담으로 받아들여 아니멀 씨를 더 당황스럽게 했다.

“티비에 처음 나오시는 거라 많이 떨리셔서 말이 잘못 나오셨나 봅니다. 아니멀 씨에게 다시 한 번 박수 주실까요?”

아나운사 씨가 웃으면서 박수를 청하자 같이 웃고 있던 방청객들도 따라서 박수를 쳤다. 그때 웃지 않고 있는 건 아니멀 씨 혼자뿐이었다. 진지하게 한 얘기가 농담이 되어버리자 아니멀 씨의 이마에는 땀만 삐질삐질 흘렀다.

“뱀이 날 수 있다는 건 물속에 있는 고래가 하늘을 날 수 있다는 말과 다를 바 없지 않습니까? 아하하. 이렇게 아니멀 씨가 큰 웃음을 주시네요. 그럼 분위기를 바꿔서 앞에서 말한 날다람쥐에 대해서 얘기를 계속 나눠보도록 하죠."

아나운사 씨는 끝까지 뱀이 날 수 있다는 말을 믿지 않았고 웃음으로 넘겨 버렸다. 그리고 그것에 당황한 아니멀 씨는 프로그램이 끝날 때까지 당황스러움을 감출 수가 없었고, 방송이 끝날 때까지 이마에 나는 땀과 더듬거리는 말투는 여전했다.

"네, 오늘 날 수 있는 동물에 대해서 많은 얘기 나눠 볼 수 있었는데요, 도움말 주신 아니멀 씨에게도 감사의 인사드립니다. 그럼 다음 주에 더 색다른 주제로 찾아뵙겠습니다."

결국 한 시간 동안 진땀나는 방송이 끝나고 아니멀 씨는 흐르는 땀을 식히며 집으로 돌아와 인터넷으로 홈페이지를 찾아가 방송 후기를 봤다. 자신의 모습이 어떻게 시청자에게 보였는지가 궁금했다.

'혹시 오늘 내가 당황했던 게 다 보인 것은 아니겠지…….'

저것이 알고 싶다 홈페이지에 가서 시청자 소감을 클릭했다. 그리고 나오는 목록을 보는 순간 소심한 아니멀 씨는 눈물이 날 뻔했다.

'오늘 나온 동물학자 너무 어벙해 보인다.'

'고래가 하늘을 날 수 있다는 말로 비유한 아나운사 씨가 너무 재치 있다!'

'아니멀 씨 정말 동물학자 맞나? 개그맨을 대신 데리고 온 거 아닌가?'

결국 아니멀 씨가 걱정했던 대로 방송에 나온 아니멀 씨는 어벙

한 이미지로 굳어진 것이다. 앞으로 실행해야 할 프로젝트에 큰 치명타가 될 수도 있다고 생각하니 아니멀 씨는 자신을 그렇게 무시했던 사회자 아나운사 씨에게 화가 났다. 사실을 말했는데도 잘 알지도 못하면서 자신을 비웃음거리로 만들었다는 생각에 소심하다고 소문난 아니멀 씨는 더 이상 참지 못하고 사회자인 아나운사 씨를 생물법정에 고소했다.

뱀은 나무를 타고 내려가는 에너지를
아끼기 위해 비행을 합니다.

뱀이 날 수 있을까요?

생물법정에서 알아봅시다.

재판을 시작하겠습니다. 공공적으로 방송된 프로그램에서 원고가 진심으로 한 발언을 피고가 몇 번이나 농담으로 넘겨 피해를 입었다고 합니다. 원고의 발언을 농담으로 넘겨버린 이유는 무엇입니까?

원고는 동물학자로서 방송에 출현했으며 동물에 대해서 사실만을 말해주어야 하는 책임이 있습니다. 그런데 원고는 동물에 대한 발언 도중 뱀도 날 수 있는 동물이라는 말씀을 하였습니다. 뱀이 날 수 있다는 말을 했을 때 사람들의 의아한 표정을 발견한 피고가 그 순간을 재치 있게 넘기기 위해 원고가 농담을 한 듯 무마시킨 것입니다. 원고의 발언을 이상하게 여기는 사람들이 있을까 염려하여 피고가 대신 사태를 수습한 것이지요.

원고 측의 입장은 다르군요. 피고가 원고의 말을 농담처럼 넘기는 바람에 자신이 사람들 앞에서 우스운 동물학자로 비춰져 원고의 이미지에 큰 타격을 입었다고 합니다.

무슨 말씀이세요? 그럼 정말 뱀이 날아다닌다는 것을 사실로 받아들이라는 건가요? 뱀이 난다는 소리만 들어도 웃음이 나올 것 같습니다.

그 일로 고소를 당한 피고 측은 웃을 일이 아닌 것 같습니다. 뱀이 날 수 있다는 것이 사실이라고 주장하는 원고 측의 변론을 들어보도록 하겠습니다. 뱀이 날아다니는 것을 증명할 수 있습니까?

네. 날개가 없는 뱀도 날 수 있습니다. 뱀이 공중을 날아다니는 원리를 밝히겠습니다. 비행 뱀 연구가이신 제이크 소카 박사를 증인으로 요청합니다.

증인요청을 받아들이겠습니다.

뱀 무늬 신발을 신은 50대 초반의 남성은 뱀이 나는 사진을 들고 증인석에 앉았다.

뱀은 날개가 없는데 어떻게 날 수 있습니까?

날개가 없다고 무조건 날지 못하라는 법은 없습니다. 오랜 연구 끝에 날개가 없는 뱀이 날 수 있는 원리가 밝혀졌습니다.

뱀이 나는 원리는 무엇입니까?

뱀은 새처럼 땅을 박차고 날아오르지는 않습니다. 뱀이 나는 원리는 날다람쥐처럼 높은 나무 가지에 올라 공중을 가로지른다는 것인데 이런 발견은 뱀이 땅을 느릿느릿 기어다닌

다는 편견을 깬 것이지요. 두 대의 비디오 카메라로 뱀 비행 장면을 촬영하고 그 궤적을 컴퓨터로 분석하는 연구를 진행함으로써 뱀 비행이 두 가지 단계로 나뉜다는 것을 알 수 있었습니다. 뱀은 먼저 머리에서 꼬리까지 쭉 편 후 공중을 향해 도약하고 그 후 몸을 S자 모양으로 만들고 거듭 파동을 침으로써 공기를 가르고 나아가는 것은 물론 땅과 수평이 되도록 몸을 유지할 수 있는 것입니다.

뱀이 비행을 하는 목적은 무엇입니까?

뱀이 비행하는 이유는 정확히 밝혀지지 않았지만 나무를 타고 내려가는 에너지를 아끼기 위한 것으로 봅니다. 뱀을 촬영한 자료에는 뱀이 13도 글라이딩하는 놀라운 장면도 포함되어 있습니다. 동남아시아 지역에서 발견되는 비행 뱀 중에서 가장 대표적인 종은 파라다이스 트리스네이크입니다.

뱀이 날지 못한다는 편견은 버려야 합니다. 날개를 가지고 있지도 않지만 뱀이 비행을 한다는 증거 자료를 통해 뱀도 충분히 날 수 있다는 것을 알았습니다. 따라서 원고의 발언을 농담으로 넘긴 피고는 원고에게 사과를 하고 다음 방송에서 뱀이 날 수 있다고 정정 방송을 할 것을 요구합니다.

상식처럼 생각한 일도 때로는 특이한 예외가 있을 수 있습니다. 날개가 없지만 뱀은 특이하게 날 수 있다는 것을 알게 되었군요. 뱀이 날 수 있다고 말했다면 정말인지부터 물어보는

것이 사회자의 자세입니다. 피고는 자신의 잘못을 원고에게 사과하고 뱀도 날 수 있다고 정정 방송을 해야 할 것입니다. 이상으로 재판을 마치겠습니다.

재판이 끝난 후, 뱀이 날 수 있다는 사실이 밝혀지자 아나운사 씨는 아니멀 씨에게 사과를 하고 방송이 잘못된 것임을 밝혔다. 그 후 한동안은 '날 수 있는 뱀' 이라는 제목이 인터넷 검색 순위 1위가 되었다.

뱀의 피부

뱀의 몸 표면은 완전히 비늘로 덮여 있고 보통 비늘은 세로로 배열되어 있으며 비늘의 수와 배열은 뱀의 종류에 따라 다르다. 등의 비늘은 매우 부드럽고 반짝거리며 또한 배 비늘은 넓은 판 모양으로 생겨 이동하는 데 유리하게 되어 있다.

나무늘보야 죽었니?

나무늘보는 원래 게으른 동물일까요?

동물을 좋아하는 김뉴 군이 있었다. 김뉴 군은 집에서 강아지, 고양이, 햄스터 등 웬만한 애완동물은 다 키워 봤을 정도로 동물을 좋아했다. 그러나 키워 봤던 동물을 또 키우기는 싫었던 김뉴 군은 새로운 동물을 기르고 싶어 했다.

"이번에는 뭘 기르지? 흔한 건 싫은데……."

혼자 새로운 동물이 뭐 없을까 곰곰이 생각하고 있던 김뉴 군에게 김뉴 군만큼이나 동물을 좋아하는 어머니가 다가와서 물었다.

"또 키우려고?"

"네. 이번에는 남들에게 없는 새로운 걸 기르고 싶어요."

"에구~ 누가 보면 우리 집이 동물원인 줄 알겠다."

가족 모두 동물을 좋아하는 탓에 집에서 여러 동물들을 기르고 있었기 때문에 집에는 가족 수보다 많은 동물들이 있었다.

"엄마~ 이번만요~!"

"그럼 우리가 자주 가는 동물 가게에 가보는 게 어때, 소문에 거기에 새로운 동물들이 많이 왔다고 들었는데."

"정말요? 고마워요 엄마!"

고민하고 있던 김뉴 군에게 엄마는 못 이긴 척 자주 가던 동물 가게를 가보라고 했고 그 말을 들은 김뉴 군는 바로 동물 가게로 달려갔다. 김뉴 군의 엄마가 말한 동물 가게는 김뉴 군도 자주 가던 곳이었기 때문에 가자마자 동물 가게 주인이 반갑게 맞았다.

"어, 김뉴구나. 웬일이야?"

"아, 새로운 동물을 길러보고 싶어서 왔어요."

"새로운 동물?"

"네, 남들이 잘 키우지 않는 동물이요. 혹시 있나요?"

새로운 동물이란 말에 잠시 고민을 하던 주인은 이제야 생각이 났는지 손뼉을 치며 말했다.

"혹시 나무늘보 같은 거 말하는 거니?"

"나무늘보요?"

"응. 이번에 새로 들어온 동물인데, 들어봤니?"

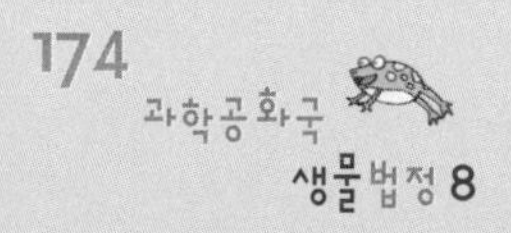

"아, 이름만 들어봤어요. 어디 있어요?"

김뉴 군은 저번에 읽은 동물 잡지에서 나무늘보라는 이름만 들어봤다. 그때 어떤 동물인지 궁금했는데 지금 그 나무늘보를 직접 보게 된다고 생각하니 김뉴 군은 마음까지 설레었다. 주인은 김뉴 군을 데리고 나무늘보가 있는 쪽으로 데리고 갔고 나무에 대롱 매달려 있는 나무늘보가 보였다.

"나무늘보 처음 봤어요. 한번 키워보고 싶은데 이 나무늘보는 키우기 까다로워요?"

"어때? 새롭지? 김뉴 군의 집 마당에 있는 나무에 매달아 놓기만 하면 돼."

"아, 그럼 제가 이 나무늘보 키울래요!"

"그래, 김뉴 군은 동물 좋아하니깐 잘 키울 수 있을 거야."

김뉴 군은 처음 보는 나무늘보의 매력에 빠져서 그 자리에서 바로 나무늘보를 구입했고 동물 가게 주인 말대로 마당에 있는 나무에서 나무늘보를 키우기로 했다. 그리고 남들이 기르지 않는 새로운 동물을 기른다는 생각에 김뉴 군은 다음 날 학교에 가서 친구들에게 자랑을 했다.

"너희 나무늘보 알아?"

"나무늘보? 티비에서는 봤지. 갑자기 왜?"

"우리 집에 나무늘보 있어~ 어제부터 키우기로 했거든."

"정말?"

나무늘보를 키운다는 말에 여러 친구들이 김뉴 군의 주위에 모였고 김뉴 군은 신이 나서 나무늘보에 대해서 말했다. 나무늘보를 티비에서만 봤던 친구들은 실제로 볼 수 있다는 생각에 김뉴 군에게 말했다.

"우와 짱이다~ 그럼 너희 집에 가서 구경해도 돼?"

"음……. 물론이지!"

"그럼 오늘 나무늘보 보러 갈게!"

집에 갑자기 많은 사람들이 오면 나무늘보가 놀랄 수도 있겠지만 그래도 친구들에게 나무늘보를 자랑스럽게 보여줄 수 있다는 생각에 친구들을 모두 초대했다. 그래서 수업을 마치자마자 친구들은 김뉴 씨의 집으로 갔다. 그리고 대문을 열자마자 나무에 매달려 있는 나무늘보가 보였다.

"이게 나무늘보야."

"우와~ 진짜 나무늘보네? 신기해~!"

김뉴 군은 자랑스럽게 나무늘보를 소개했고 친구들은 나무를 둘러싸서 나무늘보를 구경했다. 하지만 이상하게도 나무늘보는 매달려 있는 채 한 번도 움직이지 않았다. 나무에서 내려와 걷는 걸 보고 싶었던 친구들은 나무늘보가 움직이지 않자 김뉴에게 물었다.

"김뉴야, 근데 왜 나무늘보가 움직이지를 않지?"

"어?"

"봐봐. 우리가 계속 봤는데 그동안 한 번도 움직이지를 않잖아."

어제부터 새로운 동물인 나무늘보를 샀다는 것만 생각했지 나무늘보가 어떻게 움직이느냐는 보지 않았던 김뉴 군은 그제서야 나무늘보가 꿈쩍도 하지 않는 것을 알게 되었다.

"정말 가만히 있네."

"얘 어디 아픈 거 아니야?"

구경하는 친구들은 좀처럼 움직일 생각을 않는 나무늘보가 아프다고 생각했다. 병이 들어서 힘이 없기 때문에 나무에 매달리기만 하고 움직이지를 않는다는 것이었다. 나무늘보에 큰 기대를 걸고 있던 친구들은 실망한 목소리로 김뉴에게 말했다.

"그럴 리가 없는데, 분명 어제 샀는데……."

"그럼 병든 나무늘보를 너한테 팔았나봐."

"그럴 리가……."

"아님 저렇게 죽은 것처럼 가만히 있기만 하는 동물이 어딨어."

김뉴 군은 평소 잘 알고 지냈던 동물 가게의 주인이 추천해 주었던 동물이었기 때문에 그럴 리는 없다고 생각했지만 이렇게 나무늘보가 움직이지 않는 다른 이유가 없었던 터라 친구의 말을 믿게 되었다. 그래서 김뉴 군은 나무늘보를 팔았던 동물 가게 주인을 생물법정에 고소했다.

나무늘보는 에너지를 절약하기 위해서
거의 움직이지 않습니다.

나무늘보가 하루 종일 움직이지 않는 이유는 무엇일까요?

생물법정에서 알아봅시다.

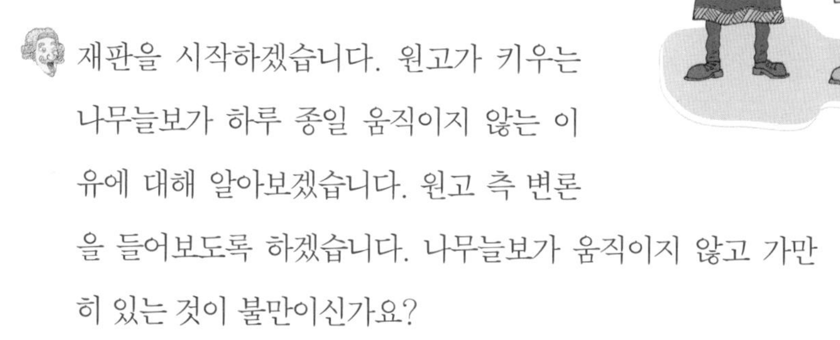

재판을 시작하겠습니다. 원고가 키우는 나무늘보가 하루 종일 움직이지 않는 이유에 대해 알아보겠습니다. 원고 측 변론을 들어보도록 하겠습니다. 나무늘보가 움직이지 않고 가만히 있는 것이 불만이신가요?

얼마 전 피고는 원고에게 나무늘보를 판매했습니다. 그런데 원고가 나무늘보를 집으로 데려온 후 나무늘보가 움직이는 모습을 볼 수 없었습니다. 식물도 아니고 살아있는 동물이 움직이지 않는 이유가 무엇이겠습니까? 그것은 당연히 아프기 때문이라고 볼 수밖에 없습니다. 원고가 피고에게서 산 나무늘보는 아픈 것이 분명합니다. 아픈 나무늘보를 건강한 것처럼 속이고 판매한 피고를 고소합니다. 나무늘보를 다시 데려갈 것을 요구합니다.

나무늘보가 아픈 것이 확실한지 알아보겠습니다. 피고 측은 아픈 나무늘보를 원고에게 판매한 것을 인정합니까?

피고가 원고에게 판매한 나무늘보는 건강한 상태입니다.

그런데 원고는 나무늘보가 움직이는 모습을 확인한 적이 없다고 합니다. 나무늘보가 움직이지 않는 이유는 무엇입니까?

나무늘보는 원래 움직임이 거의 없는 동물입니다.

거의 움직이지 않는다고요? 건강한 동물이 움직이지 않을 수 있습니까? 움직이지 않는다면 그 이유는 무엇입니까?

나무늘보에 대해서 자세한 설명을 해 주실 열대 우림 학회의 한정글 박사님을 증인으로 요청합니다.

증인 요청을 받아들이겠습니다.

타잔과 비슷한 옷을 입은 50대 초반의 남성은 타잔 울음소리를 흉내 내며 하늘을 날듯 점프하여 증인석에 앉았다.

증인은 정글에 오랫동안 있었던 것 같군요. 열대 우림 연구를 오래하셨으니 나무늘보에 대해서도 잘 알고 계시겠습니다. 나무늘보는 어떤 동물입니까?

나무늘보는 중앙아메리카의 온두라스에서 아르헨티나에 걸친 열대우림에 서식합니다. 후각은 잘 발달되어 있지만 청각은 둔하고 지능은 낮은 편입니다. 머리는 둥글고 짧으며, 네 다리는 길고 앞다리가 뒷다리보다 깁니다. 뒷다리는 가늘고 길며 발가락이 세 개입니다. 앞다리의 발가락은 두 발가락 나무늘보는 두 개, 세 발가락 나무늘보는 세 개로 속에 따라 앞다리의 발가락 수가 차이가 납니다. 털의 표면에 홈이 있는데 이곳에 녹조류가 부착되어 있어서 우기에는 녹색으로, 건기에는 갈색으로 변하므로 보호색이 됩니다. 이빨은 위턱에 다섯 쌍, 아래턱에 네 쌍으로 모두 열여덟 개입니다. 또한 맹장이 없고 주로 나무 위에서 생활하며 땅 위에서 잘 걸어 다니지 못하지만 헤엄은 잘 칩니다. 체온은 변온성이어서 24℃에서 35℃ 사이에서 변하기 때문에 온도차가 심한 환경에서는 생활하기 어려우며 열대 우림처럼 기온차가 심하지 않은 곳에 국한되어 있습니다. 또 야행성이고 나무의 새싹이나 잎, 열매 등을 먹습니다.

원고의 나무늘보가 움직이지 않는 이유는 무엇입니까?

나무늘보는 원래 상상을 초월할 정도로 게으릅니다. 원고의 나무늘보도 너무나 게을러서 움직이지 않는 것입니다.

나무늘보가 움직이지 않는 이유는 아프기 때문이 아니라 단지 게으르기 때문에 움직이려 하지 않는다는 건가요?

나무늘보가 게을러서 움직이지 않는 것은 사실이지만 움직이지 않는데도 그만한 이유가 있습니다.

게으른 이유가 있다는 건가요?

약 100년 전에 원시림 연구가인 베베는 나무늘보는 1년이 600일인 화성에서라면 더 잘 지냈을 거라고 말했습니다. 나무늘보는 이 정도로 게으른 동물이지만 그 게으름은 모두 계획적인 것입니다. 열대 우림에서의 삶은 겉보기엔 풍요로워 보이지만 실제로는 영양분이 부족하기 때문에 영양분을 절약하는 것이 필요합니다. 나무늘보는 자신이 극도로 에너지를 절약하는 동물이기 때문에 동작뿐만 아니라 소화와 전체 신진대사마저도 굉장히 느리게 진행됩니다. 체온 유지에 쓰이는 에너지도 절약하는 나무늘보의 체온은 24℃에서 35℃ 사이에 불과하지만 생명의 위험을 무릅쓰고 겨우 1cm씩만 움직이려면 무엇보다도 위장을 잘 해야 합니다. 부분적으로는 게으름 자체가 위장이기도 하며 털들의 작은 틈과 구멍에 살면서 나무늘보의 털가죽을 초록빛이 돌게 만들어 주는 미세한 시아노박테리아가 위장의 나머지 역할을 담당합니다.

나무늘보가 움직이지 않는 이유는 영양분이 부족한 열대우림에 살면서 스스로 터득한 생명을 이어나가는 하나의 방법이군요. 나무늘보처럼 게으른 동물이 또 있습니까?

게으름이라는 전략을 구사하는 또 다른 동물은 바로 코알라입니다. 코알라는 거의 하루 종일 나뭇가지 틈에 웅크리고 앉아 있기 때문에 귀여움의 상징으로 사랑받기 전에는 주머니나무늘보 또는 오스트레일리아나무늘보라고 불렀습니다.

나무늘보가 움직이지 않는 이유가 아프기 때문이라고 생각할 수 있겠지만 실제로 나무늘보도 나름대로 자신의 삶을 위해서 노력하는 것입니다. 따라서 아주 게을러 움직이지 않는 것이 나무늘보의 매력이라고 생각하는 것이 좋을 것 같습니다.

원고의 나무늘보가 움직이지 않는 것은 아프기 때문이 아니라 일반적인 나무늘보가 지닌 고유한 성질인 것으로 보입니다. 따라서 나무늘보가 움직이지 않는 것에 불만을 가질 이유가 없군요. 나무늘보를 구입할 때 피고는 원고에게 나무늘보에 대한 정보를 말해주지 않았으므로 혹시 나무늘보가 움직이지 않는 것이 너무 답답하다면 피고에게 돌려보낼 기회를 드리겠습니다. 결정한 후 피고와 상의하도록 하십시오. 이상으로 재판을 마치겠습니다.

재판이 끝난 후, 나무늘보에게 이상이 없음을 확인한 김뉴 군은 가게 주인에게 미안하다고 사과했다. 주인도 미리 알려주지 않아 미안하다며 사과를 했다. 그 후 김뉴 군은 나무늘보를 아끼면서, 정성스레 돌보았다.

날치는 나는게 아니야

날 수 있는 물고기가 있을까요?

과학 공화국에서는 최고 인기 프로그램인 '퀴즈가 너무 좋다' 가 있다. 이 퀴즈쇼는 단계별로 열 가지 문제를 푸는 방식인데 단계를 넘을 때마다 받는 상금의 금액이 올라간다. 그래서 결국 열 단계를 넘으면 무려 10만 달란의 상금을 받게 되는 것이었다. 그래서 이 퀴즈쇼에 나오려고 지원하는 사람도 많고, 누가 10단계를 넘어 10만 달란의 상금을 받을지에 대한 관심으로 시청률도 제일 높게 나오는 프로그램이다. 이 퀴즈쇼에 경쟁률이 높았던 예선을 뚫고 본선에 진출한 사람들 중에는 욕심많아 씨가 있었다.

"욕심많아 씨는 오늘 몇 단계까지 갈 것 같다고 예상하세요?"

"저는 무조건 10단계까지 가려고 왔습니다."

"의지가 참 대단하시네요."

"10단계까지 가서 꼭 10만 달란을 받을 겁니다!"

욕심많아 씨는 무슨 일에서든 욕심이 많았다. 밥 먹을 때도 욕심이 많아서 남들보다 많이 먹었고 공부에도 욕심이 많아서 언제나 학교에서 1등을 놓쳐 본 적이 없었다. 그래서 이 퀴즈쇼에도 10단계까지 가서 10만 달란의 상금을 받겠다는 욕심으로 나왔다.

"오늘은 꼭 10단계까지 갈 것 같은 좋은 예감이 듭니다."

그렇게 1단계부터 문제를 풀었다. 공부에도 욕심이 있었던 욕심많아 씨는 9단계까지 아무 어려움 없이 잘 풀어나갔다. 그리고 마지막으로 10단계 문제만 남겨놓고 있었다.

"정말 대단하십니다. 이제 9단계를 마치고 드디어 10단계 문제만 남겨놓고 있네요."

원래 이 프로그램은 문제가 어렵기로 소문났기 때문에 보통 5단계에서 탈락을 하는데 욕심많아 씨는 벌써 9단계까지 푼 것이다. 그래서 시청자들도 방청객들도 10단계까지 다 푼 사람이 나올 것인지 긴장한 채 보고 있었다.

"지금 심정을 물어도 되겠습니까?"

"저는 단지 10단계를 풀 수 있을 거라는 생각밖에 없습니다."

"네, 역시 대단하십니다. 꼭 10만 달란을 받아가셨으면 좋겠네요."

10단계를 푼 최초의 도전자가 나올 것인지 긴장한 진행자가 욕심많아 씨에게 말을 걸었지만 욕심많아 씨는 오직 문제를 풀 것이라는 생각뿐이었다.

"자. 드디어 10단계입니다. 10단계 문제는 선택형인거 아시죠?"

앞의 문제는 무작위로 나오는 문제를 풀기만 하는 것이었지만 제일 마지막인 10단계의 문제는 달랐다. 여러 분야가 적힌 봉투 안에 그 분야와 관련된 문제가 적혀 있었다. 도전자가 여러 개의 봉투 중에 자신 있는 하나를 골라서 문제를 풀면 되는 것이었다.

"여기 다섯 색깔의 봉투가 있습니다. 하나를 골라 주세요."

색색깔 봉투 겉에는 동물, 속담, 경제, 나라, 만화가 적혀 있었다. 욕심많아 씨는 무엇을 고를까 곰곰이 생각했다.

'만화는 많이 안 봐서 모르고, 경제는 요즘 신문을 안 봐서…… 속담은 내가 만날 헷갈리는 건데…… 어떡하지?'

아무리 똑똑한 욕심많아 씨라 해도 한 가지 약한 부분이 있다면 그것은 속담이었다. '까마귀 날자 배 떨어진다'를 '배 날자 까마귀 떨어진다'라고 말할 정도로 속담에서만은 약했던 것이다.

"제한 시간 있습니다."

"그, 그럼 동물이요!"

나머지 중에서 뭘 고를까 고민하다가 제한 시간이 있다는 말에 욕심많아 씨는 그냥 동물이라고 말했다. '다른 문제보다는 쉽겠지'라고 생각해서였다.

"네. 동물을 선택하셨습니다. 그러면 제가 문제를 읽겠습니다."

진행자는 여러 봉투 중에서 '동물'이라고 쓰인 빨간 봉투를 집어 들었다. 그리고 안에 문제가 적힌 종이를 꺼냈다. 모두들 마지막 문제를 숨죽이고 지켜봤다.

"네, 마지막 10단계 문제. 다음 중 날아다니는 물고기를 고르시오. 보기는 1)날치 2)자귀어 3)돌고래 순입니다."

날아다니는 물고기라는 소리에 방청석에서 웅성거리는 소리가 나왔다.

"날아다니는 물고기가 어디 있어?"

"내 말이~ 물고기면 다 헤엄치고 다니지."

"그나저나 저 사람은 저 문제를 풀 수 있을까?"

문제가 모두 나가자 카메라는 고민하고 있는 욕심많아 씨의 얼굴을 가까이 잡았다. 손톱을 물어뜯으며 고민하는 모습이 잡혔다. 그리고 그 모습을 보면서 다른 사람들 모두 어서 답을 말하기를 기다렸다.

"답은……."

"네, 답 말씀해 주시죠."

"답은 1번 날치입니다."

잠시 주저하던 욕심많아 씨가 드디어 답을 말했다. 그 답을 들은 방청객은 이 답이 맞는지 진행자의 얼굴을 쳐다봤고 진행자의 얼굴은 금세 아쉽다는 표정으로 바뀌었다.

"아, 아쉽습니다. 답은 2번 자귀어였습니다."

답이 틀리자 방청객들은 '아~!' 하면서 안타까움을 표현했고 퀴즈쇼에 감돌던 긴장이 풀렸다. 그런데 그때 욕심많아 씨가 진행자에게 이상하다는 듯이 말했다.

"왜 날치가 답이 아닙니까!"

"답은 자귀어입니다."

"날치가 얼마나 잘나는데요!"

욕심많아 씨는 어떻게 온 10단계인데 여기서 무너질 수 없다고 생각했다. 그리고 날치도 날 수 있어서 답이 된다고 생각한 것이었다. 그래서 진행자에게 날치도 답이라고 따졌다.

"그래도 여기 적힌 답은 자귀어입니다."

"날치도 날 수 있다니깐요! 그럼 우리 이거 법정에 맡깁시다! 법정에서 날치가 날 수 있다는 걸 확인해보세요!"

욕심많아 씨는 여기서 물러설 수가 없었다. 10만 달런을 눈앞에 두고 그냥 포기할 수 없었던 욕심많아 씨는 날치도 날 수 있다는 확신을 가지고 있었기 때문에 이 문제를 생물법정에서 해결해 주기를 부탁했다.

날치는 추진력으로 공중에 튀어오르는 것이고 자귀어는 가슴지느러미로 날갯짓을 해서 공중에 떠 있습니다.

날아다니는 물고기가 있을까요?
생물법정에서 알아봅시다.

재판을 시작하겠습니다. 실제로 날 수 있는 물고기는 어떤 물고기가 있을까요? 원고 측이 주장하는 날 수 있는 물고기는 무엇인가요?

원고는 날치라는 물고기가 날 수 있다고 주장합니다.

날아다니는 물고기는 어떤 물고기인지 묻는 퀴즈쇼의 답은 자귀어라고 하는데 어떻게 날치가 답이라고 생각합니까?

날치는 강력한 힘으로 공중에 튀어 오르는 능력을 가진 물고기입니다. 자귀어가 답이라고 하지만 날치도 날 수 있는 물고기이기 때문에 답이 된다고 주장합니다. 따라서 원고의 답도 인정해 주어야 합니다.

원고 측은 자귀어와 날치가 모두 답이라고 주장하고 있습니다. 피고 측은 원고 측의 주장을 인정합니까?

답은 자귀어만 인정합니다. 날치는 날 수 있는 물고기가 아닙니다.

원고 측의 주장에 따르면 날치도 공중으로 튀어 오를 수 있다고 합니다.

날치가 공중으로 튀어 오르는 것은 난다고 볼 수 없습니다.

날치는 날지 못하고 자귀어는 날 수 있는 물고기라고 주장하는 이유는 무엇입니까?

날치와 자귀어의 특징을 알아보겠습니다. 물고기 사랑 동호회의 다날자 회장님을 증인으로 요청합니다.

증인 요청을 받아들이겠습니다.

겨드랑이에 날개가 붙은 날개옷을 입은 50대 중반의 남성이 흔들리는 날개를 즐기며 증인석에 앉았다.

날치와 자귀어가 날 수 있는 물고기라고 할 수 있습니까?

자귀어는 날 수 있지만 날치는 날 수 있다고 하지 않습니다.

날치도 공중으로 튀어 오르는 능력을 가졌잖아요?

공중으로 튀어 오른다고 난다고 하면 안 되죠. 그럼 농구선수 마이클 조던이 덩크슛을 할 때 날아 오른 것인가요?

그건 아니죠.

마찬가지에요. 진정한 비행은 자신의 힘으로 공중에 떠 있을 수 있어야 합니다. 새나 날벌레들처럼 말이에요. 하지만 날치는 비행 능력이 없어요. 대신 날치는 물속에서 엄청난 추진력으로 빠르게 수면 위로 솟구쳐 날개처럼 생긴 가슴지느러미를 펼쳐 공중으로 튀어 오르지요. 하지만 추진력이 사라지면 날치는 다시 수면 위로 떨어집니다. 그러므로 완전한 비행이 아니지요.

그럼 자귀어가 난다고 할 수 있는 이유는 무엇인가요?

남아메리카에 사는 자귀어는 크기가 수 cm밖에 안 되는 작은 물고기로 배가 앞으로 볼록 나와 있지요. 자귀어의 배에는 자신의 몸 크기에 비하면 비교적 큰 뼈가 있고 이 뼈의 주위에는 가슴지느러미를 움직일 수 있는 근육이 붙어 있습니다. 자귀어는 헤엄칠 때는 이 근육을 사용하지 않지만 수면 위를 날아다니는 곤충을 잡을 때나 위험에 처해 도망칠 때는 근육을 통해 가슴지느러미를 마치 새의 날갯짓처럼 요동치게 하면서 비행하지요.

날치는 단순히 추진력으로 공중에 튀어 올랐다가 다시 물속으로 돌아오는 것이고 자귀어는 가슴지느러미로 날갯짓을 하여 공중에 떠 있는 것이 다른 점이군요. 날치는 날아다니는 것이 아니라 단순히 공중에 튀어 올랐다가 내려가는 것이라고 판단할 수 있으며 퀴즈쇼의 정답은 자귀어입니다. 원고는

어류

현재 지구에는 2만 여 종류의 어류가 있다. 어류는 바다와 강, 호수에 사는데 칠성장어 무리인 원구류와 상어나 가오리 무리인 연골어류, 그리고 붕어나 도미 무리인 경골어류의 세 가지로 나뉜다.

이쉽지만 다음에 더 좋은 기회로 퀴즈쇼에 재도전하는 것이 좋겠습니다. 이상으로 재판을 마치도록 하겠습니다.

재판이 끝난 후, 날치가 날 수 없음이 밝혀지자 욕심많아 씨는 이를 인정할 수밖에 없었다. 결국 욕심많아 씨는 큰 상금을 받지 못했고, 그 아쉬움에 또 다시 퀴즈쇼에 출전하고자 열심히 공부하고 있다.

몽구스와 뱀의 대결

독사에게 잡아먹히지 않는 동물이 있을까요?

도시에서 한참 떨어진 섬에는 아직도 문명화되지 않은 원주민이 살고 있는 오지 마을이 있었다. 이 오지 마을은 자연이 그대로 보존되어 있기 때문에 많은 동물들이 그대로 살고 있었는데 그중 유명한 것이 뱀이었다. 이 오지 마을에는 빨간색, 노란색 등 예쁜 색깔의 뱀이 유명했다. 다만 이 뱀은 독이 있는 독사라서 꼭 독사를 다룰 줄 아는 원주민만이 뱀을 만졌다. 이 오지 마을에는 자연이 보존된 마을을 보기 위해서 관광객들이 오기도 했다. 그러면 원주민과 통역사의 지도하에 마을을 돌아볼 수 있었다. 그날도 관광객들이 원주민을 따라서 마을을 둘러보고 있었다.

"꺄아~ 뱀이다!"

관광객 중에 여자 한 명이 뱀을 보고 소리를 질렀다. 여자 앞에 있는 얇은 뱀이 자기 몸의 몇 배나 되는 쥐를 잡아먹고 있었던 것이다. 여자의 소리에 모여든 다른 관광객들이 처음에는 주춤거리다가 결국 쥐를 잡아먹고 있는 뱀을 둘러싸서 구경했다.

"우와. 독사인 가 봐."

"뱀이 이렇게 큰 쥐를 먹는 건 처음 봐."

"여기 와서 이런 구경도 하고, 오길 잘했어."

뱀이 먹이 잡아먹는 걸 신기해하면서 구경을 하자 관광객들을 이끌고 있던 원주민이 이 사실을 오지 마을의 추장에게 말했다.

"오늘 관광객들이 뱀이 먹이를 먹는 걸 보고는 신기해하면서도 좋아했어요."

"뭐? 그냥 뱀이 먹이를 먹는 건대도?"

오지 마을에서는 하루에도 몇 번씩 뱀이 먹이를 먹는 모습을 보기 때문에 추장은 그 모습을 신기해하는 관광객들의 반응을 의심했다.

"그래서 말인데요. 요즘 관광객 수도 많이 줄어들었는데 뱀이 먹이 먹는 걸 관광 상품으로 하면 어떨까요?"

"뱀이 먹이 먹는걸 보여주자는 건가?"

"네, 쇼에 다른 돈도 들지 않고, 관광객 수도 늘고……."

"음. 일리 있는 말이네. 그럼 그렇게 하도록 하게나."

그래서 이 오지 마을에서는 관광코스에 '식사중인 뱀'이라는 코너를 만들어서 독사가 여러 가지 먹이를 먹는 쇼를 벌이기로 했다. 그 소문이 퍼지자 많은 관광객들이 그 쇼를 보기 위해서 오지로 왔다. 구경할 사람들이 앉을 수 있는 의자 앞에서 뱀을 풀어두고 먹이를 던져주면 뱀이 덥석 물어 삼키는 쇼였다.

"작은 뱀이 저 큰 걸 먹다니 말도 안 돼."

"너무 신기해. 역시 소문처럼 이 쇼가 제일 재미있네."

많은 사람들이 이 쇼를 좋아했고 점점 인기가 많아지자 처음에는 쥐로만 먹이를 주었다가 이제는 뱀의 먹이가 될 수만 있다면 어떤 동물이든지 던져 주었다. 그런데 먹이가 되는 동물을 잡아오는 게 여간 힘든 일이 아니었다. 그래서 결국 추장은 뱀의 먹이가 되는 동물을 섭외하는 사람을 따로 고용하기로 했다.

"동물을 섭외하는 사람을 구하기로 한 게 잘한 거겠죠?"

"관광객들이 워낙 많이 오기 때문에 이 정도 투자는 필요한 법이야."

동물 섭외 담당자는 캐스팅 씨가 되었다. 캐스팅 씨는 마을에서 어떤 동물도 다 잡을 수 있는 가장 강한 체력과 코끼리라 해도 섭외를 하겠다는 굳은 의지를 가지고 있었기 때문이었다. 캐스팅 씨는 열심히 동물을 섭외해 왔는데, 섭외해 온 동물이 대부분 지난번 쇼에서 보였던 것과 비슷비슷한 동물들이 많았다. 관광객들이 본 걸 또 보는 것 같아 지루해 하자 추장은 캐스팅 씨에게 말했다.

"캐스팅 씨, 이번에는 지금까지 했던 동물들 말고 새로운 동물로 섭외해 오세요."

"네? 새로운 동물이요?"

"만날 쥐, 귀뚜라미만 주니깐 관객들이 지루한 모양이야, 그러니깐 이번엔 새로운 동물을 섭외해 와."

"알겠습니다."

캐스팅 씨는 새로운 동물을 데려오라는 말에 어떤 동물을 데려와야 할지 한참 고민에 빠졌다. 그러던 중에 뭐 없을까 해서 동물 잡지를 폈는데 거기에 몽구스가 있었다. 캐스팅 씨도 아직 실제로 본 적이 없었던 몽구스였기 때문에 많은 사람들에게 새로울 거라고 생각했다. 그래서 바로 몽구스를 구입했다.

"추장님, 이번에는 몽구스를 섭외했습니다."

"몽구스를? 오. 역시 캐스팅 군은 대단하네. 그럼 바로 다음 쇼에 몽구스를 내보내자구!"

이제 쥐, 귀뚜라미가 아닌 새로운 동물인 몽구스가 쇼에 등장한다는 소문은 짧은 시간 안에 퍼졌고 그 소문 때문인지 이번 주말에 있는 쇼에는 평소보다 두 배나 많은 사람들이 왔다. 캐스팅 씨는 많이 모인 사람들을 보면서 뿌듯해 하며 쇼를 기다리고 있었다. 드디어 쇼가 시작되었고 쇼를 진행하는 사람이 나와서 설명을 했다.

"많이 기다리셨습니다. 오늘은 독특하게 이 뱀에게 몽구스를 던져 주겠습니다. 과연 뱀이 어떻게 몽구스를 잡아먹는지 지켜봐 주십시오!"

드디어 바닥에는 뱀과 몽구스가 마주보게 되었고 사람들은 뱀이 이 몽구스를 어떻게 잡아먹을 것인지를 기대하고 있었다. 그런데 사람들의 기대와는 달리 시간이 지나도록 뱀이 몽구스를 잡아먹지 못하고 있었다.

"뱀아! 힘내!"

여기저기서 뱀을 격려하는 소리가 나왔지만 뱀은 여전히 쉽게 잡아먹지 못하고 있었다. 시간이 많이 지나고 결국 뱀이 몽구스를 잡아먹지 못한 채 끝이 나자 관중석에서는 야유가 나왔다.

"돈 내고 보러 왔는데 이게 뭡니까!"

"이게 무슨 쇼라고 하는 거예요? 여기 몽구스를 데려온 사람이 누굽니까!"

"맞아요, 누구예요!"

관중들은 이 쇼를 망친 몽구스를 섭외한 사람을 찾기 시작했고 뒤에서 이 모든 걸 지켜보고 있던 캐스팅 씨가 고개를 숙인 채 손을 들었다.

"당신이 몽구스를 섭외했어요?"

"네. 제가 섭외했습니다."

"아니, 잡아먹지도 못할 동물을 섭외하면 어떡합니까."

"아니……. 저는 잡아먹을 수 있을 거라고 생각해서……."

"이 쇼를 얼마나 기대했는데……. 당신을 고소하겠어요!"

"고소요?"

"이 쇼를 망치게 한 당신을 고소하겠어요! 어서 망친 쇼를 물어 내요!"

결국 이 쇼를 보러온 관중들은 몽구스를 데려온 캐스팅 씨를 생물법정에 고소했다.

몽구스는 민첩함과 노련함 때문에
독사에게 잘 물리지 않습니다.

독사가 모든 종류의 동물을 먹을 수 있을까요?

생물법정에서 알아봅시다.

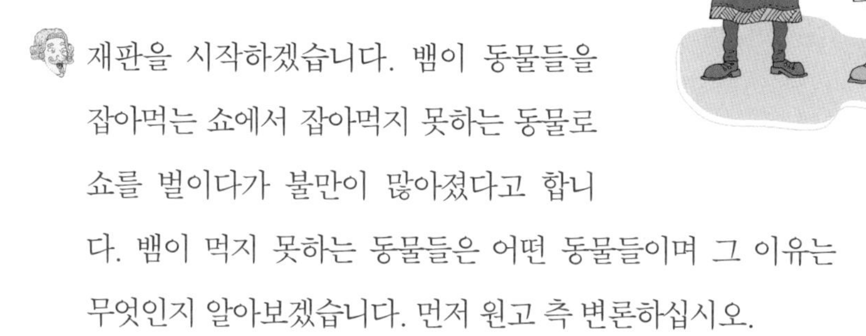

재판을 시작하겠습니다. 뱀이 동물들을 잡아먹는 쇼에서 잡아먹지 못하는 동물로 쇼를 벌이다가 불만이 많아졌다고 합니다. 뱀이 먹지 못하는 동물들은 어떤 동물들이며 그 이유는 무엇인지 알아보겠습니다. 먼저 원고 측 변론하십시오.

독사가 먹이를 먹는 장면을 보여주는 쇼를 하는데 독사가 먹지 못하는 종류의 먹이를 가져왔다면 그것은 분명 독사의 독에 대한 면역성이 있는 동물일 것입니다. 뻔히 독사가 먹이를 먹는 쇼를 한다는 것을 알면서 독에 대한 면역력을 가진 동물을 가져온 피고는 이 사건에 대한 책임이 있습니다.

독사의 독은 사람의 목숨에 영향을 줄 정도로 위험하다고 알고 있습니다. 그런데 독사의 독을 견뎌내는 면역력을 가진 동물이 있다는 건가요?

독사에게 먹이로 던져준 몽구스는 결국 독사에게 먹히지 않았습니다. 독사와 대응해 견뎌낸 몽구스가 먹히지 않은 것은 독사의 독에 대한 면역력이 아주 많기 때문이 확실합니다.

몽구스가 독을 견디는 면역력을 가졌기 때문에 독사에게 먹히지 않을 수 있었다는 것이 사실인지 피고 측의 주장을 들어 보겠습니다.

몽구스가 어떤 동물이며 독사에게 잡아 먹히지 않을 수 있었던 정확한 이유에 대해 설명해주실 분을 모셨습니다. 특이 동물 연구회의 장독특 회장님을 증인으로 요청합니다.

증인요청을 받아들이겠습니다.

얼굴에 화려한 분장을 하고 슈퍼맨 복장을 한 40대 후반의 남성이 롤러브레이드를 신고 증인석에 앉았다. 그 모습이 너무도 독특하여 사람들의 눈길을 끌었다.

몽구스란 동물의 이름은 무척 낯선 이름인데 어떤 동물입니까?

몽구스는 아프리카와 중동아시아 그리고 유럽남부와 인도 그리고 동남아시아 등지에 사는 동물입니다. 몽구스는 꼬리가 길고 발에는 다섯 개의 발가락이 있으며, 앞발에는 날카로운 발톱이 있습니다. 몽구스는 몸 전체에 두터운 털이 나 있는데, 몸 위쪽보다 몸 아랫면이 더 밝은 색을 띱니다. 몽구스는 밤낮을 가리지 않고 재빠른 몸놀림을 활용하여 뱀이나 작은 포유류나 물고기나 곤충 등을 잡아먹습니다. 또한 죽은 동물이나 나무뿌리도 먹는 등 몽구스는 잡식성입니다.

몽구스는 독사와 싸워 이길 수 있습니까?

그렇습니다. 몽구스는 뱀을 보고 놀라 뒤로 물러나지 않습니다. 몽구스는 조심스럽게 뱀에게 다가갔다가 뱀이 물려고 하면 뒤로 물러섰다가 또 다가가는 방법을 반복하여 뱀을 지치게 만듭니다. 그러다 보면 지친 뱀은 몽구스에게 목을 물려 결국 몽구스가 이기게 되지요.

몽구스는 독사에게 물려도 죽지 않나요?

몽구스는 사람보다 뱀독에 덜 민감합니다. 하지만 독사의 독이 몽구스의 몸에 퍼지면 몽구스도 죽을 수밖에 없어요. 하지만 몽구스는 독사와 싸워 그 민첩함과 노련한 전술 때문에 잘 물리지 않습니다.

그러니까 몽구스가 독에 대한 면역력보다 노련한 전술 덕분에 독사에게 이길 수 있다는 말씀인가요?

그렇습니다. 거의 독사가 몽구스의 전술에 말려들고 맙니다.

말씀 감사합니다.

그럼 판결하겠습니다. 몽구스도 독사에게 여러 차례 물리면 죽을 수 있으며 면역력이 사람보다 좋은 것은 분명하나 몽구스가 독에 대한 면역력을 이용하여 뱀에게 이긴다고 보기 힘들 것 같습니다. 몽구스가 뱀을 이기는 것은 몽구스의 탁월한 전략 때문이므로 몽구스를 '식사중인 뱀'이라는 프로그램에 데려온 캐스팅 씨의 책임이라고 보기 힘듭니다. 이상으로 재판을 마치겠습니다.

재판이 끝난 후, 캐스팅 씨의 잘못이 아니라는 것이 밝혀지자 무조건 캐스팅 씨에게 책임을 지라고 했던 사람들은 캐스팅 씨에게 사과를 했다. 비록 사과를 받았지만 좀 더 제대로 된 섭외를 하지 못했기 때문이라 생각한 캐스팅 씨는 그 후 섭외에 더 열을 올렸다.

몽구스는 고양이 과에 속하는 포유동물로 흔히 고양이 족제비라고도 부른다. 몽구스는 몸의 길이가 40에서 50cm며 앞발에 날카로운 발톱이 있다. 또한 몽구스의 몸 전체에는 두터운 털이 있다.

피그미 올빼미

낮에도 볼 수 있는 올빼미가 있을까요?

동물좋아 씨는 지나가는 강아지라도 그냥 놓치고 가는 법이 없을 정도로 동물을 좋아하는 사람이었다. 그래서 도둑고양이더라도 집에 있는 우유를 따라주기도 하고 정성껏 보살펴서 보내기도 했다. 그렇게 동물을 좋아하는걸 아는 친구들이 지난 생일에는 동물좋아 씨에게 특별한 선물을 했다.

"우리가 무슨 선물을 준비했는지 궁금하지?"

"그렇게 말하는 거 보니 대단한 걸 준비했나본데, 뭔데?"

"네가 제일 좋아하는 것들 중 하나야."

"동물이구나! 어떤 동물?"

"짜잔- 이게 네 생일 선물이야."

친구들이 동물좋아 씨에게 내민 것은 커다란 새장에 있는 올빼미였다. 아직 올빼미는 키워본 적이 없는 동물좋아 씨였기 때문에 친구들의 올빼미 선물에 너무 기뻐했다. 그리고 기뻐하는 동물좋아 씨의 모습을 보면서 친구들도 좋아했다.

"우와. 올빼미잖아~!"

"이건 그냥 올빼미가 아니야. 피그미 올빼미라는 건데, 희귀해."

"정말? 내가 이거 받아도 되는 거야?"

"네가 얼마나 동물을 좋아하는지 아니깐 특별히 준비한 거야."

"고마워! 정말 잘 키울게!"

친구들이 특별한 선물을 하기위해서 수소문해서 구한 피그미 올빼미였다. 동물좋아 씨는 친구들의 선물에 좋아하며 친구들만큼이나 피그미 올빼미를 소중하게 키우기로 마음먹었다. 피그미 올빼미를 자식처럼 사랑했다. 매일 일어나자마자 피그미 올빼미에게 아침인사를 하고 밥도 제때 챙겨주었다. 피그미 올빼미도 그걸 아는지 병들지 않고 잘 지내고 있었다.

"오늘은 재밌는 거 할까나."

나른한 주말 오후. 동물좋아 씨는 편안하게 소파에 앉아 텔레비전채널을 돌렸다. 채널을 계속 돌리다가 무심코 지나갈 뻔한 올빼미 화면을 틀었다. 지난 생일 때 피그미 올빼미를 받고나서부터 올빼미에 대해서라면 눈에 불을 켜고 보려고 했기 때문에 이번에도 놓칠 수가 없었다.

"올빼미에 대해서 하네."

고정시킨 채널에는 과학교양프로그램인 '90분 과학토론'이 나오고 있었다. 평소에 동물좋아 씨는 동물에 관련된 프로그램만 보았기 때문에 '90분 과학토론'에서 동물에 대해서 얘기할 때는 자주 봤다. 그런데 마침 오늘 주제가 올빼미였다.

"이거 보면 우리 피그미 올빼미를 더 잘 키울 수 있겠지?"

이 프로그램을 보고 정보를 얻어 피그미 올빼미를 더 잘 키울 거라는 생각에 동물좋아 씨는 '90분 과학토론'을 집중해서 보았다. 이제 막 시작하려는 참이었는지 진행자가 나와서 인사를 하고 있었다.

"여러분 안녕하십니까. 오늘은 지난번에 이어서 동물 시리즈로 갈까 합니다. 오늘 얘기해 볼 동물은 바로 올빼미인데요. 올빼미에 대해서 말씀해주실 새 박사님을 모시고 얘기를 나눠보겠습니다."

이 프로그램은 진행자, 전문가, 방청객들이 하나의 주제에 대하여 전문가의 이야기를 들어보고 서로의 생각을 말하는 형식으로 진행되는 프로그램이다. 진행자가 전문가를 소개하자 많은 박수와 함께 새 박사님이 등장했다.

"피그미 올빼미야, 저 새 박사는 대머리다. 그지?"

평소에도 피그미 올빼미에게 친구처럼 자주 말을 거는 것을 좋아하는 동물좋아 씨는 피그미 올빼미에게 대머리인 새 박사에 대해서 말했다. 그렇게 애완동물이라기보다 친구처럼, 자식처럼 지내는 것이었다.

"새 박사님, 안녕하십니까."

"네, 불러주셔서 감사합니다."

대머리에 잠시 빛이 반짝하며 새 박사는 인사를 했다.

"오늘 얘기해 볼 동물은 올빼미인데요. 일단 올빼미에 대한 방청객 분들의 질문을 받아볼까 합니다."

진행자는 마이크를 방청객 쪽으로 넘기며 질문을 받기 시작했다. 카메라에서는 뒤통수만 보이던 방청객중 한 명이 일어서서 마이크를 잡았다.

"저는 꼭 밤에만 올빼미를 본 것 같습니다. 올빼미가 밤에만 보이는 이유가 있습니까?"

질문하던 방청객이 앉고 화면은 다시 새 박사에게로 넘어갔다. 새 박사는 질문을 듣고 고개를 끄덕이며 말했다.

"좋은 질문 하셨습니다. 네. 주로 올빼미하면 밤에 있는 올빼미를 떠올리시는 분들이 많으실 텐데요. 그런 이유가 다 있습니다."

"어떤 이유 입니까?"

"그건 바로 올빼미는 모두 낮에 장님이기 때문입니다. 밤에만 눈이 보이는 것이지요. 그래서 눈이 보이는 밤에만 활동을 하는 것입니다. 눈이 보이지 않을 때 활동할 수는 없으니깐요."

"아~ 그런 이유가 있었군요."

방청객의 질문에 진행자는 그 사실을 새롭게 알았다는 듯이 반응했다. 그리고 프로그램에서는 또 다른 시청자의 질문을 받았다. 하지만 동물좋아 씨는 전문가의 이야기를 듣고 고개를 갸우뚱했다.

"우리 피그미 올빼미는 낮에도 보는 것 같은데."

분명 새 박사는 모든 올빼미가 낮에는 장님이라고 말했지만 동물좋아 씨가 키우고 있는 피그미 올빼미는 낮에도 눈이 잘 보인다고 생각했다. 그래서 새 박사의 말이 맞는지 의심스러웠다. 결국 동물좋아 씨는 방송국에 연락해 프로그램에 나왔던 새 박사와 전화통화를 하기로 했다. 누구 의견이 옳은지 알고 싶었기 때문이다.

"네, 새 박사입니다."

"아까 방송보고 전화하는 건데요. 방송에서 모든 올빼미가 낮에 다 장님이라고 하신 것 말인데요."

"네. 그렇게 말했죠."

"제가 기르고 있는 피그미 올빼미는 낮에도 잘 보고 있어서요. 새 박사님의 말씀이 틀리신 게 아닌지 해서요."

"저는 평생 새를 연구해온 사람입니다. 분명 그 올빼미도 낮에는 못보고 있는 것일 겁니다."

"제가 봤을 때는 분명 우리 올빼미는 낮에 잘 보고 있어요."

"제 말도 틀리지 않았습니다. 당신이 올빼미를 잘못 알고 있는 것 같네요."

마치 자식처럼 사랑하는 올빼미를 잘못 알고 있다는 말을 들으니 동물좋아 씨는 꼭 자신의 말이 옳다는 걸 증명하고 싶었다. 피그미 올빼미를 매일 보고 그렇게 아끼는데 잘못 알고 있다는 것은 말도 안 되는 것이었다.

"그럼 법정에 가서 누구 말이 옳은지 알아보는 게 좋을 것 같은데요."

"그거 좋소. 분명 내 말이 맞을 거요!"

결국 모든 올빼미가 낮에 장님인지 알아보기 위해서 이 문제를 생물법정에 넘겼다.

피그미 올빼미는 다른 올빼미들과 달리 원추세포와
간상세포를 모두 가지고 있기 때문에
낮에 활동하는 데 무리가 없습니다.

모든 올빼미가 낮에는 장님일까요?

생물법정에서 알아봅시다.

재판을 시작하겠습니다. 올빼미의 시력에 대해 정확한 결론을 얻을 필요가 있습니다. 올빼미의 낮과 밤의 시력에 대해 변론을 해주십시오. 피고 측 변론해주십시오.

올빼미는 야행성 동물입니다. 올빼미가 야행성 동물이 될 수밖에 없는 이유는 낮에는 앞을 볼 수 없기 때문입니다. 즉 낮에는 장님이 되고 밤에는 천리를 내다볼 수 있는 재미난 시력을 가졌습니다.

시각에 제약을 받는다는 뜻이군요. 낮에는 장님이 되면 아무것도 할 수 없습니까?

올빼미의 시력은 어두운 곳에서만 볼 수 있는 세포로 이루어져 있기 때문에 낮에는 빛이 밝아 거의 가만히 움직이지 않거나 어두운 동굴 속에서 약간 움직일 뿐입니다.

모든 올빼미가 낮에는 활동을 거의 못한다고 주장하는 피고 측에 비해 원고 측은 낮에도 활동을 하는 올빼미가 있다고 주장하고 있습니다. 어떤 올빼미가 낮에도 활동이 가능하며 그 이유는 무엇인지 원고 측의 변론을 들어보도록 하겠습니다.

보통의 올빼미가 낮보다 밤에 많이 활동하는 것은 맞습니다. 하지만 올빼미라고 해서 모두다 낮에 앞을 볼 수 없는 장님이 되는 것은 아니며 낮에도 충분히 먹이를 먹을 수 있을 정도로 활동할 수 있는 시력을 가진 올빼미도 있습니다.

어떤 올빼미인가요?

동물연구소의 왕눈이 박사님을 증인으로 모셔서 올빼미의 시력에 대한 자세한 설명을 들어보도록 하겠습니다.

증인요청을 받아들이겠습니다.

큰 눈에 검은 선글라스를 쓴 50대 초반의 남성은 실내에서 앞이 잘 보이지 않아 더듬더듬 증인석으로 걸어왔다.

새의 시력은 어떻게 이루어져 있습니까?

새의 눈에도 사람의 눈처럼 망막이 있습니다. 새 눈의 망막에는 사람의 눈과 마찬가지로 여러 감각을 느끼는 세포들이 있지요. 원뿔 모양으로 생긴 원추세포는 색깔을 느끼는데 이 세포는 충분히 밝아졌을 때만 작용합니다. 즉 어두울 때는 물체의 색을 구별할 수 없지요. 또 다른 세포로는 막대 모양으로 생긴 간상세포가 있는데 천여 개의 간상세포들이 동시에 작용하기 때문에 간상세포를 이용하면 어둠 속에서 볼 수 있는 능력을 가지게 됩니다.

올빼미들은 어떤 시력을 가지고 있습니까?

올빼미들은 원추세포가 거의 없어요. 그래서 낮에는 물체를 볼 수 없지요,

그렇다면 모든 올빼미는 낮에는 활동을 하지 않습니까?

아닙니다. 예외적인 올빼미도 있는데 피그미 올빼미는 원추세포와 간상세포의 두 가지 세포를 다 갖고 있어서 낮에도 밤에도 활동합니다.

낮에 활동이 거의 불가능한 시력을 가진 것은 어떤 동물입니까?

올빼미나 칡부엉이 같은 동물은 원추세포의 기능이 거의 없어 간상세포만으로 물체를 보아야 하므로 밤에 주로 활동합니다.

올빼미의 시력은 어느 정도인가요?

올빼미의 눈은 심하게 휘어져 있는 망막과 커다란 수정체를 통해 눈으로 들어오는 빛의 양이 많아 사람보다는 두세 배 더 빛에 민감합니다. 그러므로 어둠이 질 무렵의 올빼미의 시력은 사람보다 세 배 내지 열배는 더 좋습니다.

시력이 아주 좋으면 먹이를 사냥하는 데 힘들지는 않겠습니다.

하지만 칠흑같이 어두울 때는 올빼미 역시 아무것도 보지 못하기 때문에 올빼미는 주로 청각을 이용하여 사냥합니다.

대부분의 올빼미가 간상세포에 의존해 낮에는 좋은 시력을 가질 수 없지만 그 중에서도 특이하게 피그미 올빼미는 낮에 먹이를 잡을 정도의 시력을 가지고 있어 주로 낮과 황혼에 활

동을 합니다. 모든 올빼미가 낮에 장님이라고 말한 것은 피고의 성급한 발언이었습니다. 따라서 피그미 올빼미를 키우는 원고의 말이 옳다고 주장합니다.

피그미 올빼미는 다른 올빼미들과는 달리 원추세포와 간상세포를 모두 가지고 있기 때문에 사물의 칼라를 인식할 수 있고 낮에 활동하는 데 무리가 없다고 판단됩니다. 따라서 피고가 모든 올빼미가 낮에 장님이 된다고 말한 것은 과장된 표현이라고 인정합니다. 피고는 새 박사로서 앞으로 발언을 할 때 한 번 더 생각하고 정확한 발언을 할 수 있도록 노력해주십시오. 이상으로 재판을 마치도록 하겠습니다.

재판이 끝난 후, 자신이 잘못 알고 있었음을 인정한 새 박사는 동물좋아 씨에게 사과를 했다. 사건 이후, 동물좋아 씨는 올빼미에게 더욱 더 관심이 생겼고 피그미 올빼미뿐만 아니라 다른 올빼미도 키워보고 싶은 마음이 생겼다.

올빼미와 부엉이

올빼미와 부엉이를 간단하게 구별하는 방법이 있다. 올빼미는 머리에 긴 깃털이 나 있지 않고 부엉이는 머리에 긴 깃털이 있다. 올빼미는 눈이 크기 때문에 빛을 많이 모을 수 있어서 올빼미는 어둠 속에서 비둘기 보다 물체를 100배나 더 잘 볼 수 있다.

과학성적 끌어올리기

게가 거품을 내는 이유

게는 아가미를 통해 숨을 쉬지요. 즉 물속에서 물을 빨아들여 그 중에서 몸에 필요한 산소를 얻고 불필요한 이산화탄소와 물은 조그만 숨구멍으로 뱉어내지요. 그런데 땅위로 올라오면 아가미로 흘러들어갈 물이 없어 아가미로 물 대신 공기가 들어가는데 이 공기와 아가미에 남아있던 물이 섞여 숨구멍으로 나오면서 거품이 만들어지는 것입니다.

원숭이도 손해보는 건 싫어한다.

원숭이도 사람처럼 손해보기를 싫어한다는 연구 결과가 나왔습니다. 미국 예일대 케이트 첸 박사팀은 꼬리감는 원숭이들에게 두 가지 유형의 도박 게임을 보여 주었습니다. 처음에는 같은 수익을 갖고 시작하지만 한 게임은 보너스를 많이 얻도록, 다른 한 게임은 손해 볼 가능성이 크도록 짰습니다. 연구팀은 원숭이에게 둘 중 한 게임을 선택하게 했습니다. 그 결과 대부분 보너스가 많은 쪽을 선호했습니다. 연구팀은 '경제활동에서 손해 보지 않으려는 경향이 인간만의 특성은 아니라는 의미' 라며 '손실 회피 행동은 후천적으로 학습되는 게 아니라 타고난 본능일 수 있다' 고 추측했습니다. 이 연구 결과는 〈정치 경제 저널〉 에 소개됐습니다.

과학성적 끌어올리기

신기한 도마뱀

도마뱀 중에는 신기한 행동을 보이는 도마뱀도 있습니다. 예를 들어 바실리스크 도마뱀은 물위를 뛰어다닐 수 있습니다. 바실리스크 도마뱀의 발은 1초에 스무 번 움직이므로 이렇게 빠른 발로 수면을 차면서 반작용으로 물 위를 뛰어 다닙니다. 또한 개코 도마뱀은 발바닥에 흡착판이 있어 어디든지 철썩 잘 달라붙습니다. 하지만 프라이팬처럼 마찰이 거의 없는 곳에는 달라붙지 않습니다.

제4장

생활과 동물에 관한 사건

아기 유모 돌고래

돌고래가 청각을 좋게 하는 데 도움이 될까요?

아버지가 물려준 재산으로 살고 있는 돈많아 양이 있었다. 돈많아 양은 기업 사장이셨던 아버지께서 돌아가실 때 물려주신 돈으로 하루하루를 살고 있는 부자였다. 하지만 재산이 많다고 해서 모든 게 완벽하지는 않았다. 어릴 때 무심코 기차 옆을 지나가다가 청력에 손상이 갔기 때문에 지금도 사람의 말을 잘 듣지 못하게 되었다. 많은 연습을 통해 사람의 입 모양과 들리는 소리로 짐작해 알아들을 뿐이었다. 그러던 그녀에게 기쁜 소식이 생겼다.

"축하합니다. 임신 4주째입니다."

"네? 임신이라구요?"

몇 년간 갖지 못했던 애기를 가지게 된 것이다. 아버지 밑으로 자식은 자기 혼자였기 때문에 빨리 아이를 갖고 싶었지만 그게 마음처럼 쉽지 않았는데, 이제 자신의 아이를 갖게 된 것이다. 하지만 돈많아 양은 자신의 어린 시절을 생각하면 그것이 마냥 기쁘지는 않았다.

"돈많아는~ 귀머거리래요."

"하지 마. 하지 마."

"이것도 안 들리지? 바보!"

옛날부터 들리지 않는 귀로 친구들에게 많은 놀림을 받은 돈많아 양은 자신의 자식도 그렇게 될까봐 겁이 났기 때문이다.

"여보, 우리 아이도 잘 들리지 않으면 어떡하죠?"

"그럴 리 없어. 뱃속에 있는 아이 들을라. 그런 말 말아."

"그래도 불안해요. 우리 집을 옮길까요?"

"집을? 갑자기 집은 왜?"

"청력을 좋게 하는 집이 있다는데……. 우리 그 집을 사요."

"당신이 그렇게 원한다면 할 수 없지. 우리 아이를 위해서라도……."

돈많아 양은 이렇게 해서 남편과 함께 청력을 좋게 하는 집을 사기로 했다. 언젠가 귀가 잘 들리지 않는 돈많아 양에게 친구가 권했던 것이었지만 그때는 꼭 집을 따로 살 필요까지는 느끼지 못했다. 하지만 이것은 돈많아 양의 아이를 위한 일이기 때문에 모든 것을 아끼지 않고 투자했다. 그리고 그 소문이 퍼지고 퍼지자 많은 사람들이 그 사실을 알게 되었다.

"이봐, 안성댁, 그거 들었는가?"

"뭐 말이야?"

"저기 돈많아댁 있잖아. 거기서 새로 집을 산다고 하던데."

"그 좋은 집을 두고 또 왜?"

"이번에 애를 가졌잖아. 귀 좋아지는 집 산다고 그랬대."

"그럼 남은 집 나한테 주면 안 되나?"

그리고 그 소식은 아직 유명하지는 않지만 근근이 자신의 사무실을 꾸리고 있는 과학건축가 러브하우스 씨의 귀에도 들어갔다. 러브하우스 씨는 항상 집을 짓는 것에 많은 돈을 요구하는 바람에 일이 잘 들어오지 않는 편이었다.

"러브하우스 씨! 이제 방값 좀 내요!"

"이번에 일하면 드릴게요."

"그게 몇 번째야~ 얼른 자릿세를 내야지! 안 그러면 사무실 빼요!"

"저를 봐서라도 연기해주세요."

"얼굴 보면……. 어서 방 빼!"

그래서 이렇게 사무실의 자릿세도 내지 못하고 주인아줌마의 잔소리만 매일 듣고 있는 중에 그 소식을 들은 것이었다. 부잣집이라 집을 사는데 돈을 많이 쓸 계획이라는 소문까지 들은 러브하우스 씨는 이 일을 하기로 결심했다. 물론 충분히 청력을 좋게 하는 집을 지을 수 있다는 자신감도 있었다. 그래서 이번 기회를 놓칠 수 없었다. 러브하우스 씨는 무작정 돈많아 양 집에 찾아갔다.

"누구세요?"

"아, 저는 과학건축가 러브하우스입니다. 청력을 좋게 하는 집을 찾는다고 하셔서요."

"아. 그건 그렇지만……."

"제가 그 집을 설계해 드리겠습니다!"

"정말 그러실 수 있어요?"

"네. 장담합니다. 다만 설계비가 좀 비쌀텐데……."

"얼마나 필요한데요?"

"얼마나 줄 수 있는데요? 저 많이 필요해요."

"2만 달란이면 충분하지요?"

"그럼요. 물론이죠!"

돈많아 양은 많은 돈을 요구하는 게 마음에 걸렸지만 그래도 그만큼 돈을 주어서라도 청력을 좋게 하는 집을 지을 수 있다면야 더한 돈이라도 줄 수 있었다. 그렇게 자신감을 갖고 말하는데 믿지 않을 수 없었기 때문이다. 그렇게 몇 달이 지나고 드디어 집을 다 지었다는 연락이 왔다.

"이제 우리 아이는 세상 소리 잘 들을 수 있겠지……."

돈많아 양은 그동안 불러온 배를 잡고서 남편과 새 집에 가보기로 했다. 일단 들어서자마자 정원에 큰 수영장이 있었다.

"우와. 여보, 여기 수영장도 있어요."

"안에 돌고래가 있네?!"

정말 정원에 있는 큰 수영장에서 미끈한 돌고래들이 헤엄치고 있었다.

"이런 걸 해달라고 주문한 적이 없는데……."

"그냥 서비스로 해줬나봐."

그렇게 돌고래들이 있는 수영장을 지나서 집 안으로 들어갔다. 그러나 집 안은 여느 다른 집과 다를 바가 없었다. 특별히 청력을 좋게 하는 장치는 없는 것 같았다. 단지 다른 집과 다른 것은 수영장에서 놀고 있는 돌고래뿐이었다. 돈많아 양은 그냥 집을 짓는 것보다 많은 돈을 요구한 러브하우스 씨가 슬슬 의심되기 시작했다.

"도대체 청력을 좋게 하는 장치는 어디 있는 걸까요?"

"눈 씻고 찾아봐도 없는 것 같은데."

"여보, 이거 혹시 사기 당한 걸까요?"

"우리 아이를 위한 집인데 사기라니! 가만두지 않겠어!"

돈많아 양과 남편은 사기를 당했다는 생각에 러브하우스 씨를 생물법정에 고소했다.

돌고래가 발산하는 초음파는 태아의 두뇌를
계발시키고 청각 능력을 높여줍니다.

돌고래가 청각을 좋게 하는 데 도움이 될까요?

생물법정에서 알아봅시다.

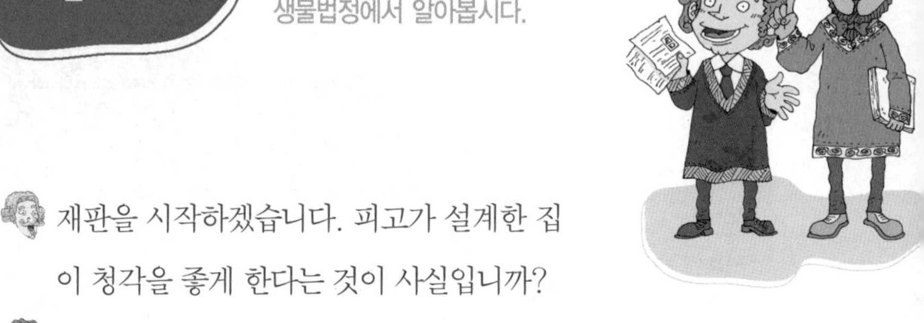

재판을 시작하겠습니다. 피고가 설계한 집이 청각을 좋게 한다는 것이 사실입니까?

청각 장애를 가진 원고는 아기의 청각에 도움이 된다면 비싼 비용도 감수하고 피고에게 청각을 좋게 하는 집을 짓기로 했습니다. 원고는 비싼 공사비용을 지불하고 피고는 원고에게 청각을 좋게 하는 집을 만들어 줄 것을 약속했습니다. 하지만 완성된 집은 다른 집과 별 다를 것이 없었습니다.

돈을 많이 들여 대단한 집을 지었는데 정말 다른 집과 다른 것이 없었을까요?

굳이 다른 집과 다른 점을 말하자면 정원의 수영장에 돌고래가 놀고 있었습니다. 그렇지만 돌고래가 청각을 좋게 하는 동물이 아니라면 피고가 만든 집이 청각을 좋게 할 만한 다른 특별한 것은 없습니다.

그렇습니다. 원고 측 변호사가 말한 것처럼 돌고래가 청각을 좋게 하는 동물입니다.

예? 인정할 수 없습니다. 돌고래가 어떻게 청각에 도움이 된다는 건가요?

돌고래가 청각을 좋게 한다는 이론이나 증거가 있습니까?

네. 돌고래가 어떤 영향을 미칠 수 있는지 증인을 통해 들어보도록 하겠습니다. 원고가 의뢰한 집을 직접 설계하고 완성한 러브하우스 씨에게 직접 들어보도록 하겠습니다. 러브하우스 씨를 증인으로 요청합니다.

증인요청을 받아들이겠습니다.

훌륭하게 지었다고 생각한 집의 주인인 원고가 불만을 갖고 고소를 하자 불안하고 억울한 마음을 감출 수 없어 얼굴이 창백한 피고가 증인석으로 들어왔다.

증인께서는 의뢰인인 원고의 집 정원에 수영장을 만들고 그 안에 돌고래를 키우도록 하셨다고요? 돌고래는 귀엽고 영리한 동물로 알려져 있는데 그 외에 사람에게 도움이 되나요?

돌고래는 영리해서 서커스를 잘하고 귀여울 뿐만 아니라 초음파로 소리를 전달하는 능력을 가지고 있습니다. 돌고래가 발산하는 초음파는 태아의 두뇌 계발에 효과가 있습니다.

돌고래의 초음파가 태아를 똑똑하게 한다는 건가요?

그렇습니다. 물론 태아의 두뇌 뿐만 아니라 청각 능력을 높여주기도 합니다. 페루의 산과대학장인 엘리자베스 얄란 박사는 돌고래가 내는 초음파 에너지가 태아의 두뇌에 긍정적인 자극을 줘서 뇌 활동과 청각 능력을 높여준다고 말했습니다.

그렇다면 돌고래와 가까이 있으면 태아의 두뇌 발달과 청각 능력에 도움이 많이 되겠군요.

돌고래를 임산부에게 가까이 다가가 초음파를 내도록 훈련시키면 충분히 효과를 거둘 수 있을 것입니다.

원고가 의뢰한 청각을 좋게 하는 집을 만들기 위해 피고는 집 안에 수영장을 만들고 그 안에 돌고래를 키우도록 한 것입니다. 원고가 출산을 할 때까지 돌고래를 가까이 두고 돌고래의 초음파를 가까이서 경험하도록 한다면 원고의 뱃속에 있는 태아의 청각에 긍정적인 효과를 줄 것입니다.

증인의 증언을 통해 수영장의 돌고래가 발산하는 초음파가 태아의 두뇌와 청각에 도움이 된다는 사실을 알 수 있었습니다. 피고는 청각을 좋게 하는 집을 만들기 위해 최선을 다했다는 것을 인정합니다. 원고는 정원에 있는 돌고래를 사랑하는 마음으로 키운다면 태아의 두뇌와 청각 뿐 아니라 태아의

돌고래는 초음파를 이용하여 대화를 나눈다. 초음파는 진동수가 2만 Hz(헤르츠) 이상으로 인간의 귀로는 들을 수 없는 소리를 말하는데 돌고래는 초음파를 이용하여 동료들에게 위험을 알린다.

인성에도 도움이 될 수 있을 겁니다. 이상으로 재판을 마치도록 하겠습니다.

재판이 끝난 후 의심부터 하고 고소를 했던 것에 대해 돈많아 양은 러브하우스 씨에게 사과를 했다. 그 후 돈많아 양은 아기를 낳았는데 청력이 좋아 다행스러워했다.

호랑이 똥

호랑이 똥이 멧돼지를 퇴치할 수 있을까요?

과학공화국의 제일 변두리에 작은 마을이 있었다. 이곳은 높은 빌딩과 많은 과학자들이 있는 도시와는 확연히 달랐다. 아직도 흙냄새 나는 땅에서 쌀을 재배하고 집집마다 가축을 키우는 모습이 그대로 남아 있는 농촌이기 때문이다. 이 농촌마을의 이장인 꼬꼬댁 씨는 벼농사와 함께 집에서 닭을 키우고 있었다. 그런데 어느 날부터 꼬꼬댁 씨는 큰 고민거리가 생겼다.

"여보, 이리 와서 좀 봐요."

"왜 그래요?"

"우리 닭이 또……."

꼬꼬댁 씨는 마당에 있는 닭을 둘러싼 울타리 쪽을 가리켰다. 많은 닭들 사이에서 닭 한 마리가 혼자 누워 피를 흘리며 죽어 있었다. 그러나 이 일은 이번이 처음은 아니었다.

"어머나, 우리 닭이 또 죽었네. 이를 어쩌나……."

"누구 짓이지? 걸리기만 하면 다리몽둥이를 그냥!"

"이거 누구 짓인지 얼른 밝혀내야 다시는 우리 닭들이 안 죽을텐데……. 어떡하죠?"

"그럼 할 수 없지! 여보, 오늘 밤에 여기에 숨어 있다가 누가 그러는지 한번 봅시다!"

"잠복하자구요? 우리 닭들을 위해서라면 해야죠!"

꼬꼬댁 씨는 요즘 며칠 새 계속 닭들이 죽는 것을 지켜보다가 더 이상은 안 되겠는지 밤에 마당 뒤쪽에 숨어 누가 닭을 죽이고 가는지 알아보기로 했다. 그날 저녁, 꼬꼬댁 씨는 아내와 옷을 챙겨 입고 마당 뒤쪽에 나무들이 많은 곳에 숨어 있었다. 누군지 잡히면 이때까지 죽인 닭들을 물어내라고 할 참이었다. 그때였다.

"여…… 여보……. 저기 뭔가가 와요."

늦은 밤이라 살짝 잠이 들었던 꼬꼬댁 씨를 아내가 깨우면서 닭이 있는 곳으로 접근하는 뭔가를 가리켰다.

"응? 아…… 뭔가가 오긴 오네……. 잠깐, 저게 뭐지?"

"키도 작고 네발로 걷는 게 사람은 아닌 것 같은데……. 뒤에 무리들이 더 오는데요?"

"아! 저거 멧돼지떼들 아니야!"

꼬꼬댁 씨와 아내가 멧돼지를 지켜보는 순간에도 멧돼지떼들은 울타리를 넘어 닭을 한 마리 잡아 공격하고 있었다.

"여보, 저기 가서 우리 닭 죽이는 것 좀 말려요"

"그래도 저렇게 멧돼지들이 많은데 나가면 내가 다치겠는데……."

멧돼지가 한 마리가 아니고 떼로 몰려왔기 때문에 꼬꼬댁 씨는 함부로 나서지 못했다. 그래서 그날 밤은 닭이 죽는 걸 지켜볼 수밖에 없었다. 다음 날 또 죽어있는 닭을 보면서 꼬꼬댁 씨는 닭이 공격당하는 걸 보면서 아무 것도 하지 못했다는 자책과 함께 큰 결심을 하게 되었다. 바로 멧돼지들에게서 닭을 보호해야겠다고 생각한 것이다.

"내가 이 멧돼지들을 가만두지 않을 거야. 부셔버릴 거야!"

그러나 아직 구체적인 방법은 생각하지 않고 있던 찰나에 방 안에서 아내가 꼬꼬댁 씨를 불렀다.

"여보. 여보. 이것 좀 봐요. 홈쇼핑에 멧돼지 잡는 약이 나오고 있어요!"

꼬꼬댁 씨는 신발이 벗겨지는 것도 모른 채 급하게 방안으로 들어갔다.

"요즘 멧돼지가 극성이라고들 하죠? 하지만 혼자 멧돼지를 잡는 건 너무 무서운 일이시라구요? 그럼 이것 하나 사보세요! 멧돼지가 무서워 저~기 멀리로 도망갈 새로운 약이 개발되었습니다! 이 약만 뿌리면 코를 벌렁거리던 멧돼지가 꼼짝을 못할 '멧돼지활명수!' 지금 바로 연락주시면 사은품으로 닭 벼슬을 윤기 나게 하는 약 '우루닭' 도 드립니다!"

홈쇼핑에서는 다가오는 멧돼지 영상을 계속 보여주고 있었다. 멧돼지라면 이제 '멧' 자도 보기 싫은 꼬꼬댁 씨가 화면을 외면한 채 무릎을 탁 치며 얘기했다.

"좋았어! 바로 이거야!"

"여보, 우리도 이거 하나 살까요?"

"그럼! 당연하지! 바로 주문해!"

꼬꼬댁 씨는 밤에 몰래 숨어 있다가 또다시 멧돼지떼들이 나오면 이 약을 뿌려서 닭들을 지킬 생각이었다. 그래서 얼른 주문을 했고 날마다 이 약이 도착하기만을 기다리고 있었다. 며칠 후. 드디어 주문했던 '멧돼지활명수' 가 도착했다.

"여보! 멧돼지활명수가 왔나 봐요! 이리와 보세요!"

밭에서 일을 하고 있던 꼬꼬댁 씨를 아내가 불러냈다.

"드디어 온 거야?"

꼬꼬댁씨는 밭에서 바로 오는 길이라 한 손에는 호미를 들고 다른 손에는 흙을 묻힌 채 얼른 달려 나왔다. 이제 닭들을 지킬 수 있다는 기쁜 마음으로 상자를 뜯었다. 그런데 상자의 뚜껑을 열자마자 꼬꼬댁 씨와 아내는 고약한 냄새에 동시에 코를 막았다.

"어머, 이게 무슨 냄새야. 여보 혹시 방귀 꼈어요?"

"아니, 난 아닌데……. 당신이 뀐 거 아니야?"

"저도 아닌데……. 그럼 혹시 이 상자에서 나는 냄새인가?"

아내는 상자에 코를 가까이 갖다 댔다. 그리고는 표정을 찡그리면서 바로 얼굴을 들었다. 손가락으로 상자를 가리키면서 말했다.

"여보, 여기서 나는 냄새예요."

"아니, 약에서 무슨 똥냄새가 나?"

꼬꼬댁 씨와 아내는 코를 막은 채 상자를 다시 닫고 멀리 떨어진 곳에 두었다.

"이거 정말 홈쇼핑에서 보낸 거 맞아?"

"네, 겉에 그렇게 적혀있던데요."

"이거 무슨 똥을 보낸 거야? 똥으로 무슨 닭을 지켜?"

"약을 보내라고 했더니 똥을 보내는 사람이 어디 있어요? 이런 건 못 참아요! 우리 고소해요!"

"그래! 멧돼지 잡기 전에 똥냄새에 우리 코가 마비되겠어!"

이렇게 해서 꼬꼬댁 씨와 아내는 약 대신 똥을 보낸 홈쇼핑을 생물법정에 고소하게 되었다.

호랑이를 무서워하는 야생동물은
호랑이 똥만으로도 퇴치할 수 있습니다.

호랑이 똥이 어떻게 멧돼지를 퇴치할 까요?

생물법정에서 알아봅시다.

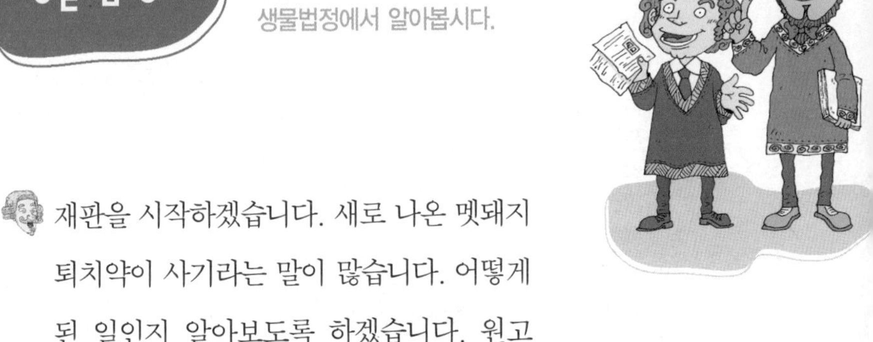

재판을 시작하겠습니다. 새로 나온 멧돼지 퇴치약이 사기라는 말이 많습니다. 어떻게 된 일인지 알아보도록 하겠습니다. 원고 측 변론해 주십시오.

꼬꼬댁 씨와 그의 아내인 원고는 홈쇼핑으로부터 사기를 당했습니다. 부부는 귀하게 키우는 닭을 잡아먹는 멧돼지를 잡기위해 텔레비전에서 멧돼지 퇴치 약을 판매한다는 광고를 보고 홈쇼핑으로부터 약을 주문했습니다. 그런데 그 약은 다름 아닌 동물의 똥으로 추정이 되고 있습니다. 멧돼지를 쫓아낼 수 있는 약으로 똥이 말이 됩니까?

그 내용물이 정말 똥인가요? 혹시 똥이 멧돼지를 쫓는 능력을 가진 것은 아닐까요?

혹시 똥냄새에 도망이라도 가는 것이 아니라면 똥으로 멧돼지를 쫓아내는 것은 불가능한 일입니다.

똥으로 멧돼지를 쫓아낼 수 있는 방법이 있는지 피고 측의 변론을 들어보도록 하겠습니다.

피고 측이 원고 측에게 보낸 물건은 동물의 똥이 맞습니다.

어떤 동물의 똥인가요?

호랑이 똥입니다.

호랑이 똥에 멧돼지를 퇴치하는 능력이라도 있습니까?

물론 있기 때문에 멧돼지 퇴치하는 약으로 광고를 하고 물건을 보낸 것입니다.

어떻게 호랑이 똥이 멧돼지를 퇴치할 수 있습니까?

호랑이 똥이 가진 능력에 대해 말씀해 주실 분을 모셔야겠군요. 호랑이 연구가이신 넘무서 박사님을 증인으로 요청합니다.

증인요청을 받아들이겠습니다.

인상이 험하게 생긴 50대 초반의 남성이 눈에 힘을 주고 양손에는 호랑이 똥이 든 종이 가방을 들고 증인석에 앉았다.

홈쇼핑에서 원고 측에 보낸 호랑이 똥이 멧돼지를 퇴치하는 능력이 있습니까?

물론입니다. 멧돼지는 호랑이를 무서워하는 동물 중 하나이지요. 호랑이를 무서워하는 동물은 호랑이 똥만 봐도 꼬리를 감추고 뒷걸음질 치는 것으로 나타났습니다.

만약 그게 사실이라면 멧돼지도 호랑이 똥을 보면 도망을 치겠군요.

그렇습니다. 현재 호주 정부는 야생동물 때문에 연간 4억에서 7억 달러치의 농작물 피해가 생기고 있는 것으로 추산하고 있습니다. 호랑이 똥은 농작물을 해치는 야생동물들을 물리치는데 유용하게 쓰일 수 있습니다.

믿을 수 있는 증명된 사례는 있습니까?

야생 염소에게 피해를 본 농장 부근에 호랑이 똥을 올려놓았더니 이 똥냄새 때문에 최소한 사흘간 야생 염소들이 접근하지 않았다고 합니다. 이에 따라 호랑이 똥에서 뽑아낸 지방산과 유황 복합물로 야생동물 퇴치제를 개발해 내고 있습니다. 따라서 원고가 받은 똥은 똥에서 뽑아낸 지방산과 유황 복합물로 만든 야생동물 퇴치제라고 하는 것이 올바른 약 이름입니다.

다른 동물들의 똥은 어떤가요?

태즈메이니아산 주머니곰 등 다른 육식동물들의 똥도 모두 이러한 야생동물 퇴치 효과가 있는지 앞으로 더 연구를 해보려고 시도 중입니다.

많은 연구를 통해 농작물과 가축들을 지킬 수 있길 바랍니다. 원고가 받은 똥은 고약한 냄새를 내지만 멧돼지 등의 야생동물로부터 가축이나 농작물을 지킬 수 있게 되었습니다. 따라서 원고는 냄새가 많이 나는 것만 좀 참고 견딘다면 아끼는 닭을 건강하게 지킬 수 있을 것입니다.

호랑이를 무서워하는 야생동물은 호랑이 똥만으로도 퇴치할 수 있다는 사실을 알게 되었습니다. 원고는 냄새가 너무 독해서 냄새만으로 똥이라고 판단하고 멧돼지를 퇴치하는 데 사용해 볼 생각을 못했던 것 같습니다. 재판이 끝난 다음에 닭우리의 주위에 그 약을 뿌려두고 지켜보십시오. 피고 측의 변론이 사실이라면 멧돼지로부터 닭을 지킬 수 있을 것입니다. 이상으로 재판을 마치도록 하겠습니다.

재판이 끝난 후, 호랑이 똥으로 멧돼지를 퇴치할 수 있다는 것을 알게 된 꼬꼬댁 씨는 홈쇼핑사에 사과를 했다. 그 후, 호랑이 똥으로 멧돼지를 성공적으로 퇴치한 꼬꼬댁 씨는 닭이 죽어나가는 일이 없자 기뻐했다.

호랑이는 먹이가 발견되면 살그머니 다가가서 동물의 목덜미를 물어 쓰러뜨린 다음 숨통을 힘껏 물어 질식시킨다. 호랑이는 동물이 도망치면 끝까지 따라가지는 않고 포기하는 습성이 있다.

두더지와 상추

두더지는 상추를 먹을까요?

한적한 땅파 마을이 있었다. 이 마을은 밭을 가꾸는 사람, 벼농사를 하는 사람들이 모여서 살고 있는 조그만 시골 마을이다. 정부는 이 시골 마을을 도시로 발전시키고 싶었지만 시골 풍경을 갖고 있는 마을이 많지 않아서 함부로 빌딩 같은 건물을 세울 수가 없었다. 그래서 정부에 있는 개발팀이 모여서 이 마을에 대해서 고민하고 있었다.

"그냥 시골로 두기에는 그렇고 개발시킬 수도 없고……."

"그러면 그냥 관광 도시로 두면 어떨까요?"

"시골 모습으로 관광을? 누가 오겠어?"

시골이 잘 없다고는 하지만 벼농사하고 밭 일구는 모습을 돈을 써 가면서 보러 올 사람은 없을 것 같았다. 그때 다른 의견이 나왔다.

"그러면 시골스러운 느낌이 나는 두더지 같은 건 어때요?"

"두더지? 두더지를 어떻게?"

"생태 두더지 공원 같은 걸 만드는 거지요. 시골스러운 느낌도 나고. 도시 사람들이 두더지 보러 오면 관광도 되는 거잖아요."

"오. 그거 좋은 생각인데. 당장 추진시켜!"

이렇게 해서 조용하던 땅파 마을에 생태 두더지 공원이 들어섰다. 시골모습 그대로 유지시키고 공원만 새로 만든다는 말에 땅파 마을 사람들도 정부의 의견에 동의했다. 그래서 공원을 만들기 시작하면서 생태 두더지 공원을 알리기 위한 포스터를 각 마을에 붙여서 광고를 했다.

"혹시 두더지를 본적이 있으신가요? 동화책에서만 보던 두더지. 텔레비전에서만 보던 두더지를 직접 볼 수 있는 기회를 놓치고 싶진 않으시죠? 여기 한적한 시골 마을에 두더지를 보러오세요. 생태 두더지 공원이 당신을 기다리고 있습니다. 아이들의 체험 학습으로도 최고랍니다!"

이 두더지 공원은 사용하고 있지 않던 땅을 싸게 사서 거기에 두더지를 넣어 두고 그 위에 두더지가 살만한 환경을 만들어 놓은 것이다. 그리고 두더지가 주로 밤에 모습을 보이기 때문에 관광객들에게 적외선 안경을 쓰게 해서 두더지를 보게 했는데 이 기막힌 생각에 동의하듯 엄마 손을 잡고 온 많은 아이들로 두더지 공원은 인기를 얻고 있었다.

"엄마, 엄마, 저게 두더지야?"

"응, 살짝 보이지? 저게 두더지라는 거야."

"신기하게 생겼다아. 엇, 다시 들어간다!"

밤에도 보이는 신기한 적외선 안경을 쓰고서 아이들은 처음으로 두더지를 보았다. 살짝 모습을 보였다가 얼른 땅으로 다시 숨는 두더지를 아이들은 재밌어했다. 그리고 광고대로 아이들의 체험 학습을 위해서 엄마들이 많이 찾았다. 이렇게 인기가 있는 두더지 공원에 대해서 땅파 마을 주민들은 대부분 좋아했는데 그중 양상치댁만은 예외였다.

" 양상치댁, 두더지 공원에 사람들 오는 거 봤어?"

"그렇게 많이 왔는데 어찌 안 봤겠어. 눈만 뜨면 사람들인데."

"이렇게 사람들이 많이 오니깐 이제 사람 사는 마을 같아."

"나는 그래도 마을이 조용할 때가 좋았는데……."

양상치댁은 생태 두더지 공원에서 얼마 떨어지지 않은 곳에 상추밭을 가꾸는 주민이었다. 워낙에 조용한 걸 좋아하는 편이라서 이렇게 갑자기 사람이 많아진 것을 별로 달갑게 생각하지 않고 있었다. 그걸 눈치 챈 철이댁은 말의 화제를 돌렸다.

"아, 양상치댁, 요즘 상추 수확하지?"

"응. 지금 상추 뽑으러 갈 건데. 할일 없으면 와서 도와줘. 대신 상추 한 묶음 줄게."

"한 묶음 가지고는 안 되지."

이렇게 해서 양상치댁에 놀러왔던 철이댁은 양상치댁이 상추를 수확하는 것을 돕기로 했다. 이제 쌈도 싸먹을 수 있을 만큼 다 큰 상추를 뽑는 시기가 왔기 때문이다. 그래서 양상치댁과 철이댁은 함께 두더지 공원 옆에 있는 상추 밭에 갔다.

"어머, 양상치댁. 상추들이 왜 이래?"

상추 밭에 가자마자 놀란 철이 댁이 양상치댁에게 말했다.

"어?"

철이댁 뒤에서 따라가고 있던 양상치댁이 놀라서 상추 밭으로 달려 나갔다. 넓은 상추 밭에 있는 상추들이 파릇파릇 생기 있기는 커녕 여기저기 찢겨있고 누렇게 변해있기도 했던 것이었다.

"요즘 상추들이 이상하다 싶었는데 이렇게까지……."

"양상치댁, 뭐 어떻게 한 거야? 항상 양상치댁 상추는 1등급이었잖아."

며칠 전 물을 주러 올 때까지만 해도 약간 찢기긴 했지만 이렇게 훼손되어있지는 않았다. 작년에 좋은 상추를 키웠던 것처럼 그대로 길렀는데 이렇게 변한 걸 보면 분명 양상치댁의 잘못은 아니었다.

"분명 다른 이유가 있어."

"어떤 이유? 날씨도 괜찮았고 땅도 작년 그 자리인데……."

찢겨진 상추를 보면서 곰곰이 생각하던 양상치댁의 눈이 바로 옆에 있는 두더지 공원을 향했다. 생태 두더지 공원이 생기고 나서부터 상추들이 찢기고 훼손되기 시작했던 게 생각났다.

"이건 분명 저 두더지 때문일 거야."

"두더지?"

"분명히 저기 있는 두더지가 땅을 파고 와서 상추들을 먹은 게 틀림없을 꺼라구."

"두더지가 상추를 먹어?"

"그건 저기 두더지 공원 책임자에게 따지고 나서 얘기해줄게."

평소에도 생태 두더지 공원을 안 좋게 보고 있던 찰나에 양상치댁의 상추까지 두더지의 먹이가 되었다는 생각까지 들자 양상치댁은 참을 수가 없었다. 그래서 상추 밭 흙을 일굴 호미를 든 채 뚜벅뚜벅 생태 두더지 공원을 찾아갔다. 공원에는 낮이라서 그런지 책임자만 있었다. 책임자는 양상치댁이 관광객인줄 알고 출입을 막았다.

"두더지는 밤부터 보실 수 있습니다."

"난 두더지를 보러온 게 아니에요! 나는 저 옆에 상추 밭 하는 사람인데요."

"그럼 무슨 일로……?"

"여기 있는 두더지들이 내 상추를 야금야금 먹어서 내 상추 중에서 멀쩡한 게 하나도 없어요!"

"네? 두더지들이 상추를 먹었다구요? 무슨 소리입니까? 두더지는 상추를 안 먹습니다."

"분명 상추를 저렇게 못쓰게 만든 건 두더지라구요!"

양상치댁은 화가 난 나머지 호미를 든 채 손을 책임자에게 내밀었다.

"아……. 그 호미는 내려놓으시구요. 정말 두더지는 상추를 먹지 않습니다! 무슨 오해가 있으셨나본데 분명히 두더지가 한 짓이 아닐 겁니다."

"흥, 그렇게 나오시면 저도 그냥 물러설 수 없어요! 상추 키우는 게 내 낙이었는데……. 이 두더지 공원을 고소하겠어요!"

더 이상 참을 수 없었던 양상치댁은 생태 두더지 공원을 생물법정에 고소했다.

두더지가 파놓은 굴 때문에 상추 뿌리가
제대로 내리지 못해서 상추가 시들었습니다.

두더지가 상추를 좋아할까요?
생물법정에서 알아봅시다.

재판을 시작하겠습니다. 원고의 상추가 많이 훼손되었다고 합니다. 상추를 상하게 한 책임이 누구에게 있을지 알아보겠습니다. 먼저 원고 측 변론하십시오.

원고는 누구보다도 농사일에 자신감을 가지고 있습니다. 그동안 상추 농사를 지으면서 항상 상추 재배는 성공적이었으며 상추 농사에 대한 전문가라고 해도 좋을 정도였습니다. 두더지 공원이 마을에 들어서고 난 다음부터는 상추가 이상하게 시들기 시작하더니 급기야 누렇게 변하고 찢기는 등 훼손이 되었습니다.

두더지 공원이 들어서고 난 후라면 상추를 훼손시킨 것이 두더지 공원 때문이라는 것인가요?

두더지는 땅을 파헤치고 다니는 동물입니다. 두더지가 상추밭 아래를 파고 다니면서 상추 뿌리를 먹어치운 것이 분명합니다. 상추 뿌리가 없어졌기 때문에 상추가 찢기고 누렇게 변하여 더 이상 성장을 하지 못하고 수확할 수 있는 양도 급격히 줄었습니다.

상추가 훼손된 원인이 두더지에게 있다는 원고 측의 주장에 대한 피고 측의 변론을 들어보도록 하겠습니다.

상추의 훼손에 대한 책임이 두더지에게 있다고 주장하는 것은 억지입니다. 두더지는 상추를 먹지 않았습니다.

두더지가 상추를 먹지 않았다고 주장하는 이유는 무엇입니까?

두더지의 특성을 알아보기 위해 증인을 요청합니다. 증인은 두더지연구회 김땅돌 위원장님입니다.

증인요청을 받아들이겠습니다.

덥수룩한 수염을 기른 50대 초반의 남성이 양손에 흙을 묻히고 증인석에 앉았다.

두더지는 어떻게 생긴 동물인가요?

두더지는 한국, 일본, 중국 등에 사는데 몸은 9에서 18cm 정도이고 1에서 3cm 되는 꼬리가 있습니다. 두더지는 주둥이가 길고 뾰족하고 이빨이 날카로워서 주둥이로 땅에 구멍을 파고 생활하지요. 두더지의 앞다리는 아주 크고 삽처럼 생겨 흙을 파기 쉽지요. 몸의 털은 부드럽고 직선형이며 암갈색이나 흑갈색을 띱니다.

두더지가 상추를 먹는 것에 대해서는 어떻게 보십니까?

두더지는 육식동물이기 때문에 식물에는 관심이 없습니다.

두더지는 어떤 먹이를 좋아합니까?

두더지는 땅속에 주둥이를 넣고 바늘처럼 뾰족한 이빨로 땅속의 먹이를 잡습니다. 곤충은 두더지가 가장 좋아하는 먹이이고 지렁이와 땅강아지도 좋아하지요.

그런데 왜 농부는 상추에게 피해를 준 것이 두더지라고 주장하는 걸까요?

아마도 두더지 공원이 생기는 것을 고려하지 못했기 때문입니다. 농부는 두더지들이 밭 아래에 굴을 파는 것을 생각하지 못해 농작물의 손실을 예상치 못한 거죠. 두더지가 파놓은 굴 때문에 상추 뿌리가 밭 아래의 굴로 내려가 땅에 잘 묻히지 못했을 것입니다. 따라서 상추가 제대로 자라지 못하고 시든 것이지요. 그러므로 두더지가 상추를 먹은 것은 아니지요.

두더지들이 땅을 파는 습성이 있다는 것을 미리 알고 있었던 원고는 두더지 공원 근처의 밭에서는 상추농사를 짓는 것이 좋지 않다고 판단했어야 합니다. 상추는 두더지의 먹이로는 적당하지 않습니다. 두더지는 농사를 망치는 동물이라고 볼 수 없습니다.

두더지는 상추를 먹지 않았으며 상추가 훼손된 원인이 두더지에 의한 직접적인 피해라고 인정하기 힘들다고 판단됩니다. 두더지의 기본적인 습성으로 인해 땅굴을 파면서 생긴 영향으로 보이므로 상추 농사를 지을 때 두더지의 특성을 고려

해야 했습니다. 그러므로 다음 해의 상추 농사는 두더지 공원에서 떨어진 곳에서 짓는 것이 좋겠군요. 이상으로 재판을 마치도록 하겠습니다.

재판이 끝난 후, 두더지 공원의 사람들은 두더지가 땅굴을 팠기 때문에 상추 농사에 영향을 끼치게 된 것을 알고 소량의 보상을 해주었다. 사건 이후 양상치댁은 상추 농사를 위한 밭을 두더지 공원에서 떨어진 곳에 지어 다시 1등급 상추를 재배할 수 있었다.

초식동물은 풀을 먹고 산다. 풀이나 나뭇잎은 소화가 잘 안 되는 음식이므로 초식동물들은 소화관이 길고 어금니가 맷돌처럼 생겨 풀잎을 잘 부술 수 있게 되어 있다. 소, 양, 낙타와 같은 초식동물은 되새김위를 가지고 있다. 육식동물은 고기를 찢기 위한 송곳니가 발달되어 있고 아래턱 주위의 근육이 잘 발달되어 있으며 소화관은 초식동물에 비해서 아주 짧은 편이다.

코끼리의 마지막 여행

코끼리는 죽을 때 자신의 무덤을 찾아갈까요?

"그대들은 아직도 코끼리를 코로 과자를 먹는 동요 속 개구쟁이 코끼리로만 기억하고 있는가? 코끼리라고 감정이 없는 것은 아니다. 코끼리도 가족이 있고 사랑이 있다. 코끼리의 일생을 다룬 코끼리 대서사시. 코끼리가 태어날 때부터 죽을 때까지 어떤 사랑, 이별, 아픔을 겪는지 엿보자. '코끼리의 마지막 여행' 이번 달 15일에 개봉."

텔레비전을 켜면 화면에는 코끼리 모습이 나오면서 낮게 깐 목소리의 성우가 '코끼리의 마지막 여행' 이라는 영화 제목을 읽는 영화 광고가 나왔다. 신문, 잡지에서도 영화의 포스터가 크게 일면을 차지하고 있다. 이 광고 덕분인지, 코끼리라는 특이한 소재때문인지 영화는 인기를 얻기 시작했고 이 인기는 영화관 예매소에서도 느낄 수 있었다.

"영화 '코끼리의 마지막 여행' 두 장이요."

"네, 오늘 전부 매진입니다."

"벌써요? 이거 보려고 오늘 줄서서 기다렸는데……."

영화는 이미 매진일 때가 많았고 그래서 보고싶어도 표를 구하지 못해 못 보는 사람도 생길 정도였다. 이 코끼리의 일생을 다루는 영화 '코끼리의 마지막 여행'은 결국 예매율 1위를 기록했고 그 인기는 날로 높아졌다. 갑자기 이렇게 높아진 인기로 주말마다 방송하는 '무비투데이'라는 영화 소개 프로그램에서는 '코끼리의 마지막 여행'에 대해서 자세하게 소개했다.

"오늘의 영화 알아볼까요?"

"네, 요즘 이 영화 모르면 간첩이라고 하죠? 바로 '코끼리의 마지막 여행'입니다."

"아~ 이 영화요. 신선한 소재와 잔잔한 감동으로 많은 인기를 얻고 있죠."

두 명의 엠씨가 처음 영화를 소개하면서 이 영화에 대해서 칭찬을 아끼지 않았다.

"네, 그 소식도 들으셨나요?"

"무슨 소식이요?"

"네. 이 영화가 지난해 최고의 영화로 꼽혔던 영화 '여왕의 남자' 의 관객 수 기록을 깨고 2천만 관객을 돌파했다는 소식이요!"

"정말 대단하군요! '여왕의 남자' 보다도 더 사랑받는 영화!"

"그러면 이제 '코끼리의 마지막 여행' 을 보고 나오신 분들의 감상평을 들어볼까요?"

화면은 스튜디오에서 바뀌어 영화관에서 막 나오는 사람들을 찍고 있었다. 방금 전까지 '코끼리의 마지막 여행' 을 보고 나오는 사람들에게 이 영화가 어떤지 물어보는 코너였다.

"영화 재미있었나요?"

"슬펐어요. 정말 끝에는 울뻔했다니깐요."

"돈이 하나도 아깝지 않았어요! 저는 나중에 또 보러 올 거예요!"

"감동 그 자체였습니다."

어떤 사람들은 벌써 눈에 눈물이 고여 흐르는 눈물을 닦으며 인터뷰하는 사람들도 있었다. 대부분의 사람들은 입을 모아 감동적이고 인상 깊은 영화였다고 말했다. 이 프로그램을 보는 많은 시청자 중에 김키리 씨도 있었다. 김키리 씨는 코끼리 연구로 박사 학위를 준비 중인 사람이었다.

"코끼리에 대한 영화라……. 이게 그 영화군."

코끼리에 대한 연구를 하고 있는 김키리 씨였기 때문에 잠시 휴식할 겸 본 텔레비전에서 나온 영화 '코끼리의 마지막 여행' 에 관심이 갔다. 그리고 코끼리를 연구하는 김키리 씨에게 그 영화를 봤냐고 묻는 사람이 너무 많아서 언젠가 한번 보겠다고 마음먹은 영화였기 때문에 눈이 더 갔다. 코끼리에 대한 연구라 해도 하루 종일 책을 보면서 연구하는 것이 대부분이었던 김키리 씨는 연구에 도움도 될 것 같고 머리도 식힐 겸 '코끼리의 마지막 여행'을 보러 가기로 결심했다.

"다행히도 딱 한 자리가 남았네요."

김키리 씨는 운 좋게 남은 한 자리에 앉게 되었다. 비록 양 옆으로 사람이 있는 자리였지만 그것에 신경 쓰이진 않을 것 같았다. 하지만 자리에 앉자마자 조금 후회가 되기도 했다.

"이 영화 무지 슬프다는데 우리 자기 울면 안 돼~"

"안 울어."

"우리 자기 슬프면 나도 슬퍼~!"

김키리 씨의 왼쪽에는 닭살인 커플이 앉아있고 또 오른쪽에는 어린 초등학생들이 앉아있었다. 왼쪽에서는 닭살 돋을 말만 들리고 오른쪽에서는 아이들이 서로 장난치는 소리 때문에 영화에 제대로 집중할 수가 없었다. 그래도 연구차 온 것이었기 때문에 최대한 영화에 집중하려고 애썼다. 영화의 전반적인 내용은 김키리 씨가 연구하는 코끼리 일생을 담은 것이었다. 그렇게 한 시간 정도가 흐르고 영화는 막바지에 접어들었다. 그때 왼쪽에서 훌쩍거리는 소리가 들렸다.

"훌쩍 훌쩍……."

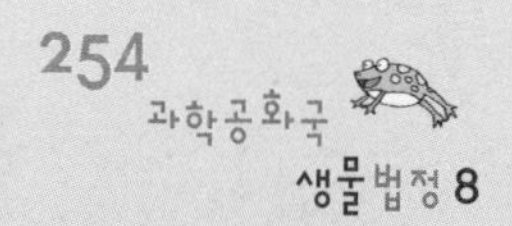

"우리 자기 벌써 슬퍼?"

"응. 저기 코끼리가 코로 물 먹는 게 너무 슬퍼~!"

김키리 씨는 '별게 다 슬프다는 사람도 있네.' 라고 생각하며 계속 영화에 집중했다. 영화는 앞부분에는 코끼리의 일생을 짧게 보여주었다. 앞부분까지는 특별히 슬픈 장면이 없었기 때문에 조금 지루할 수도 있었는데, 마지막 부분이 정말 슬펐다. 마지막 부분에서는 코끼리가 먼 길을 떠나는 모습을 보여주면서 부드러운 성우의 멘트가 나왔다.

"코끼리는 죽을 때 자신의 무덤을 찾아갑니다. 지금 저 코끼리도 자신의 무덤을 찾아 머나먼 여행을 시작하려합니다."

이 멘트가 나오자 사람들은 여기저기서 훌쩍이기 시작했고 그때 잠시 코끼리의 뒷모습이 나오다가 영화는 잔잔한 음악과 함께 끝이 났다. 여운을 남기고 끝내서 그런지 영화가 끝이 났을 때 관객들은 '감동적이다' '슬프다' 라는 말을 한마디씩 했다. 영화가 끝나고 영화관의 불이 켜지면서 사람들이 눈물을 머금으며 영화관을 빠져나갔다. 하지만 김키리 씨만은 계속 앉아있었다.

"코끼리가 자신의 무덤을 찾아간다구?"

마지막 멘트에 대해 김키리 씨는 의문이 들었다. 자신은 그것이 사실과 다르다고 생각했기 때문이었다. 코끼리가 자신의 무덤을 찾아간다는 내용은 거짓이라고 생각했다.

"많은 관객들이 보는 영화인데 이렇게 잘못된 내용을 알려주면

안 되지."

김키리 씨는 앉아서 계속 생각했다. 대부분의 사람들이 코끼리는 자신의 무덤을 찾아간다는 말 때문에 감동을 받고 그래서 이 영화가 인기 있게 된 것인데 그 부분이 사실이 아니라는 것은 그냥 지나칠 수 있는 일이 아니었다.

"잘못된 부분은 바로 고쳐야지! 그것도 내가 연구하는 코끼리에 대해서라면 말이야!"

김키리 씨는 결국 잘못된 내용을 담은 '코끼리의 마지막 여행'의 감독을 생물법정에 고소했다.

늙은 코끼리는 장거리 이동중에 넓은 늪지대에서
고독한 식사를 합니다. 늪지대에는 늙은 코끼리들의
다 닳은 이로도 쉽게 씹을 수 있는 연한 식물들이 자랍니다.

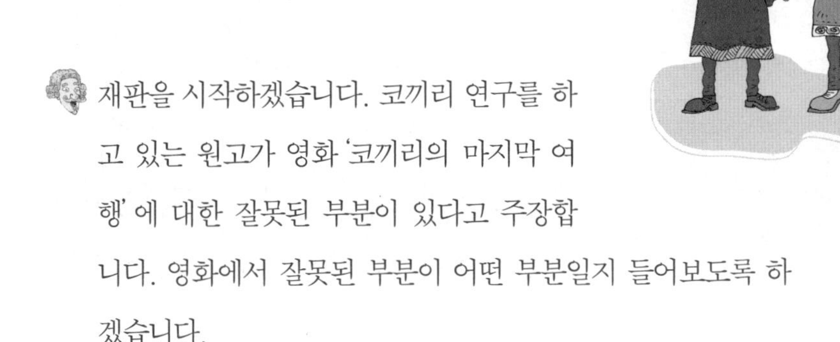

재판을 시작하겠습니다. 코끼리 연구를 하고 있는 원고가 영화 '코끼리의 마지막 여행' 에 대한 잘못된 부분이 있다고 주장합니다. 영화에서 잘못된 부분이 어떤 부분일지 들어보도록 하겠습니다.

영화의 마지막 부분의 멘트는 아주 감동적입니다. 하지만 멘트 내용이 사실인지는 확실하지 않습니다.

어떤 멘트입니까?

'코끼리는 죽을 때 자신의 무덤을 찾아갑니다.' 라는 멘트인데 사실 코끼리도 그냥 동물에 지나지 않는데 죽음이 다다르면 스스로 자신의 무덤이 정해진 곳으로 찾아간다는 것을 인정하기는 힘듭니다.

코끼리가 죽을 때 자신의 무덤을 찾아간다는 것이 사실입니까? 피고 측 변론하십시오.

코끼리는 죽음을 예감하면 자신의 무덤을 찾아갑니다. 그곳은 접근하기 힘든 숨겨진 늪지에 있으며 코끼리들이 죽음에 다다르면 죽음을 맞기 위해 찾아가는 장소로서 코끼리들의

무덤이 되는 것입니다.

피고 측의 주장에 대한 증거는 있습니까?

그곳은 아주 깊이 숨겨진 늪지이고 사람들의 접근이 거의 불가능한 곳이기 때문에 그 장소는 찾아내기가 힘듭니다.

그렇다면 피고 측의 주장을 인정할 수 있는 근거가 없습니다. 원고 측은 코끼리가 죽음을 맞이하는 무덤이 있다는 피고 측의 영화내용을 반박할 증거가 있습니까?

물론 있습니다. 코끼리가 죽음을 맞이하기 위해 찾아간다는 늪지는 아마도 사람들이 지어낸 이야기일 것입니다. 어쩌면 상아에 대한 인간들의 탐욕이 그것에 진짜 노다지가 있다고 믿게 만들었기 때문일지도 모릅니다.

그러면 코끼리는 어떻게 죽음을 맞이하나요?

코끼리들은 장거리 이동 중에 죽는 경우가 많습니다. 아주 늙은 코끼리들은 때때로 무리에서 떨어져 넓은 늪지대에서 고독한 식사를 합니다.

왜 늙은 코끼리들은 무리에서 떨어져 고독한 식사를 하나요?

젊은 코끼리와 함께 식사하기에는 많은 제약이 따르기 때문입니다. 코끼리는 60세까지 살면 노년기의 문턱에 들어서게 되는데 그 이유는 이와 관계가 깊습니다. 코끼리의 이에 대해 알아본 후 설명 드리겠습니다. 코끼리의 이에 대해 전문가인 동물 학회 다나아 수의사님을 증인으로 요청합니다.

증인요청을 받아들이겠습니다.

목에는 청진기를 걸고 한 손에는 큰 주사기를 든 40대 후반의 수의사가 하얀 가운을 입고 증인석에 앉았다.

코끼리의 이는 몇 개이며 언제까지 사용할 수 있습니까?

코끼리는 위아래 턱에 각각 어금니가 여섯 개씩 있는데 이들은 한꺼번에 나지 않고 차례차례 납니다. 처음에 난 이 세 개는 젖니이고 생후 처음 9년 동안 다 마모됩니다. 그 다음 네 번째 이는 20~25세까지 사용하고 벽돌만한 크기의 여섯 번째이자 마지막 이는 코끼리가 45세쯤 되었을 때 나서 20년 동안 제 역할을 합니다. 코끼리는 60세가 되면 이가 거의 빠지는데 매일 150kg의 먹이를 씹어야 하기 때문에 이가 없는 상태로는 오래 버티기 힘듭니다. 따라서 코끼리는 보통 60세가 되면 노년기의 문턱에 다다릅니다.

60세가 넘고 이가 거의 빠진 늙은 코끼리는 장거리 이동 중에 넓은 늪지대를 만나면 그곳에 머물러 고독한 식사를 하는데 그 이유는 그곳에는 그들의 다 닳은 이로도 쉽게 씹을 수 있는 연한 식물들이 자라기 때문입니다. 따라서 연한 식물들이 자라는 넓은 늪지대는 코끼리 양로원의 역할을 하고 그 곳에서 코끼리가 죽는 것은 전혀 이상한 일이 아닙니다. 이것이

코끼리가 죽음을 맞이할 때 무덤으로 향한다는 전설의 진실입니다.

코끼리가 죽음을 맞이할 때 늙은 코끼리들이 넓은 늪지대 근처로 가는 것은 먹이를 위한 자연스러운 현상이군요. 이것은 코끼리가 죽음을 준비하기 위해 무덤을 찾아간다고는 볼 수 없습니다. 따라서 영화 내용이 잘못되었다고 판단한 원고의 주장이 근거가 있다고 판단되며 영화감독은 코끼리의 죽음에 의미를 두는 마지막 멘트를 바꿔야합니다. 이상으로 재판을 마치겠습니다.

재판이 끝난 후 영화의 내용이 잘못된 것이 밝혀지자 영화감독은 코끼리가 죽기 전 무덤을 찾아가는 장면을 삭제시켰다. 하지만 그 후로도 영화는 여전히 인기가 있었고 한동안 예매율 1위의 자리는 요지부동이었다.

코끼리

다 자란 코끼리는 몸무게가 4t(톤)에서 6t 정도나 되고 흔하지는 않지만 10t이나 되는 놈도 있다. 그래서인지 코끼리는 하루에 200kg에서 300kg 정도의 음식을 먹고 물도 100L 정도를 마신다.

판다의 발가락

판다의 발가락은 몇 개일까요?

생활 속에 숨은 과학을 퀴즈로 푸는 프로그램 '스퐁지'가 있다. 스퐁지는 처음에는 별 인기가 없었지만 재미있는 소재와 엠씨의 유창한 말솜씨로 지금은 최고의 시청률을 자랑하는 유일한 과학프로그램이다. 스퐁지가 방영되는 일요일에는 많은 사람들이 프로그램이 시작되기를 기다렸다.

"오늘 제시문이 무엇인지 볼까요?"

엠씨인 이바람 씨가 퀴즈의 제시문을 보여주었다. 녹색 칠판에 하얀색 글씨가 새겨졌다. 이 제시문을 보고서는 중간에 들어간 네

모의 글자를 맞추는 것이다. 제시문은 다음과 같다.

판다는 (　　)가 여섯 개다.

제시문이 나오자 스튜디오에 나와 있는 여러 연예인들은 네모가 무엇일까 곰곰이 생각했다. 우선 스퐁지에 나온 연예인들이 네모 안에 글자를 맞추는 것이다. 그래서 모두 어떤 답을 할 것인지 생각했다.

"판다는 점박이가 여섯 개다?"

오랜만에 출연한 개그맨 김마빡 씨가 맞을지 모르겠다는 어감으로 말했다. 판다에 점박이가 있는데 그게 모두 여섯 개씩이라는 말이다.

"점박이 적은 판다는 점박이 수술 받아야겠네요."

김마빡 씨의 답에 엠씨인 이바람 씨는 재치 있게 넘어갔다. 그런데 그중에서 가장 나이가 어린 아이돌 스타인 우퍼주니어의 강인이 답을 말하려고 손을 들었다.

"음……. 판다는 손가락이 여섯 개인 것이 아닐까요?"

손가락이 여섯 개라는 말에 사람들은 모두 웃음을 터뜨렸다. 아무렴 판다가 손가락이 여섯 개나 되겠나 하는 생각이었다. 하지만 강인의 말을 들은 엠씨 이바람 씨는 놀랍다는 표정으로 말했다.

"빙고~ 어떻게 아신 거예요? 이번엔 어려운 문제였는데."

아이돌 스타 강인이 말한 답이 맞는 것이다. 사람들은 모두 답이 맞다는 걸 알고 박수를 쳤고 강인은 부끄러운 듯이 손으로 머리를 만졌다. 강인이 답을 맞추자 이바람 씨는 답을 확인했고 정말 '판다는 발가락이 여섯 개다' 라는 글자가 떴다.

"그럼 화면으로 확인해보실까요?"

연예인들이 퀴즈를 맞추고 난 다음에는 확인 화면이 나왔다. 정말 판다의 발가락이 여섯 개인지 직접 확인해보는 것이다. 제작진은 판다를 만나기 위해 동물원까지 갔다. 그리고 판다의 발을 보여주면서 판다 전문가에게 물었다.

"판다의 발가락이 여섯 개라는 것이 사실입니까?"

전문가는 촬영이 어색했는지 교과서를 읽는 말투로 말했다.

"네, 맞습니다. 판다의 발가락은 정말 여섯 개입니다."

이렇게 화면에 발가락이 여섯 개인 판다의 발을 확인하고서 제시문이 사실인 것을 확인했다.

"오~ 정말 여섯 개였어."

판다의 여섯 개인 발가락을 보면서 연예인들은 놀랍다는 반응을 보였다. 그리고 방청객 특유의 반응도 나왔다. 정말 여섯 개인 것이 놀라웠던 것이다. 이 방송이 나가자 인터넷 시청자 게시판에 글이 몇 백 개가 올라왔다. 대부분 판다의 손가락이 여섯 개인 것을 맞춘 아이돌 강인에 대한 칭찬 글이었다.

"강인 오빠는 얼굴만 잘생긴 줄 알았는데 똑똑하기까지. 정말 완벽해요!"

"문제가 다른 것보다 어려웠는데 강인 오빠가 맞추는 걸 보니깐 강인 오빠가 좋아졌어요!"

스퐁지에 나와서 문제를 맞추면서 아이돌 강인의 인기는 급상승했다. 그래서 프로그램에 나온 후에 강인은 여러 방송사에서 섭외 1위를 다투면서 인기를 실감하게 되었다. 그리고 덩달아 스퐁지의 인기도 더욱 올라갔다. 이 프로그램의 재방송을 보고 있는 사람 중에는 최와이 씨도 있었다.

"저번 주에 한 스퐁지 재방송하네."

최와이 씨는 병원에서 X선을 찍는 사람이다. 집에서 취미로 이름이 '퐌다'인 판다를 키우고 있다. 그래서 짬짬이 낸 휴식시간에 집에서 텔레비전을 보고 있었던 것이다. 그때 지난 주에 했던 스퐁지가 재방송되고 있었다. 그것도 제시문이 판다에 관한 것이라서 최와이 씨는 스퐁지에 채널을 고정시켰다.

"아, 이게 그 아이돌 강인 인기를 올려 놓은 프로그램이구나."

여기저기 강인 얘기가 너무 많이 나왔기 때문에 이 프로그램에서 인기가 많아졌다는 것은 직접 프로그램을 보지 않아도 들어서 알고 있었다. 최와이 씨는 텔레비전을 보면서 강인이 어떤 문제를 맞혀서 인기가 많아진 건지 지켜보고 있었다. 그리고 중간에 김마빡 씨가 판다가 점박이가 여섯 개라고 말하자 최와이 씨는 크게 웃었다.

"점박이가 여섯 개면, 우리 '퐌다'는 점박이가 적던데, 이바람 말대로 수술시켜야겠네."

그렇게 최와이 씨가 배를 잡고 웃다가 텔레비전에서는 '발가락이 여섯 개'라는 말로 제시문을 맞춘 영상이 나왔다. 최와이 씨는 웃다가 제시문을 보고서는 웃는 것을 멈췄다.

"발가락이 여섯 개라고?"

최와이 씨는 의문이 들었다.

"우리 '퐌다'는 발가락이 다섯 개던데."

최와이 씨는 작년에 자신이 키우는 '퐌다'가 앞에 있는 돌을 보지 못하고 걷다가 앞발을 돌에 크게 부딪친 적이 있었다. 그래서 혹시나 뼈가 부러지지는 않았는지 걱정이 되어서 직접 X선을 찍어 본 적이 있었다. 그때를 기억했다.

"그때 분명히 X선에서는 판다 발에 발가락이 다섯 개로 나와서 사람처럼 판다도 발가락이 다섯 개라고 생각했었는데……."

최와이 씨는 그때 직접 판다의 발을 X선 촬영을 했기 때문에 판다의 발가락이 다섯 개라는 것을 의심하지 않았다. 그래서 최와이 씨는 저 프로그램의 답이 옳지 않다고 생각했다. 그리고 저 답이 옳지 않다면 강인이 문제를 맞혀서 얻은 인기도 잘못된 것이라고 생각이 든 것이다.

"잘못된 건 바로잡아야지!"

최와이 씨는 프로그램 사이트에 들어가서 시청자게시판에 글을

올리기로 했다. 그래서 판다의 발가락이 여섯 개라는 답은 잘못된 것이고 원래 판다의 발가락은 다섯 개라는 글을 자세히 적어서 올렸다. 또한 자신의 의견이 맞는지를 확인하기 위해 생물법정에 의뢰했다.

판다의 발가락은 다섯 개인데 발가락처럼 보이는
종자골은 목표물을 확실히 움켜쥐는 데 도움을 줍니다.

판다의 발가락은 정확하게 몇 개일까요?
생물법정에서 알아봅시다.

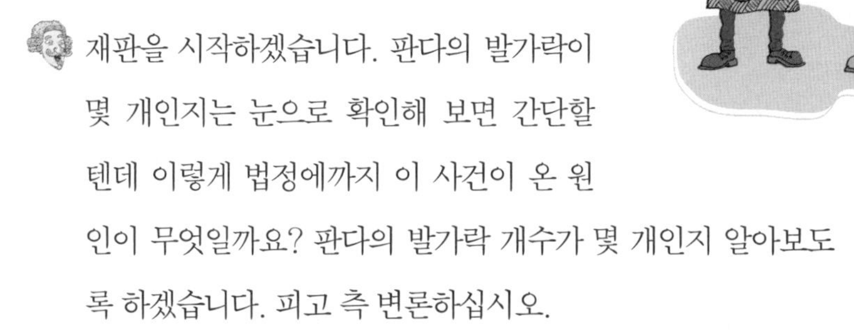

재판을 시작하겠습니다. 판다의 발가락이 몇 개인지는 눈으로 확인해 보면 간단할 텐데 이렇게 법정에까지 이 사건이 온 원인이 무엇일까요? 판다의 발가락 개수가 몇 개인지 알아보도록 하겠습니다. 피고 측 변론하십시오.

판다 전문가의 말씀까지 들었는데 무엇을 더 의심하는 건가요? 판다의 발가락 개수는 분명 여섯 개가 맞습니다. 화면으로 보더라도 판다의 발가락이 여섯 개인 것을 확인할 수 있습니다.

그렇군요. 화면에서 판다의 발가락이 여섯 개인 것을 확인할 수 있군요. 그런데 원고 측에서는 왜 판다의 발가락이 여섯 개라는 것을 받아들이지 않고 의심이 가득한지 이상하군요. 원고 측은 판다의 발가락이 몇 개라고 생각합니까?

판다의 발가락은 사람과 같이 다섯 개입니다.

판다의 발가락이 다섯 개라고 생각하는 이유는 무엇입니까? 증거는 있습니까?

과학오류연구소의 나진실 박사님을 모시고 판다의 발가락이 다섯 개인 이유에 대해 알아보도록 하겠습니다. 증인요청을 받아주십시오.

증인요청을 받아들이겠습니다.

예리한 눈매를 가진 50대 초반의 남성이 초소형 현미경을 옆에 끼고 증인석으로 나왔다.

판다는 보통 어떤 생활을 하며 삽니까?

중국 산속의 대나무 숲에서는 흑백색의 판다가 엉덩이를 깔고 앉아 대나무 잎을 먹습니다. 판다는 하루에 거의 열여섯 시간을 대나무 잎을 먹는데 보내며 이때 판다는 체계적으로 일을 처리합니다. 대나무 잎을 먹기 전에 우선 잘 움직이는 엄지발가락과 나머지 다섯 발가락 사이로 대를 통과시켜서 잎을 떼어 냅니다.

판다의 발가락이 여섯 개입니까?

판다의 발가락이 여섯 개라고 말씀드린 것은 판다의 발가락이 여섯 개인 것처럼 역할을 하기 때문입니다. 육상 척추동물의 기본 구조에서는 발마다 발가락이 다섯 개씩입니다. 진화 과정에서 많은 동물들이 발가락 일부를 상실하기도 했습니다. 예를 들어 코뿔소는 발가락이 세 개고 소는 두 개, 말은 하나뿐입니다. 반면에 발가락 수의 증가는 진화의 과정에서 생기는 현상이라고 보기 어렵습니다. 판다가 앞발을 X선 촬영기 밑으로 밀어 넣으면 판다의 발가락이 몇 개인지는 곧 밝혀집니다. 판다의 엄지발가락은 진짜 발가락이 아닙니다. 관절로 결합되고 근육으로 움직여지는 심하게 커진 종자골입니다.

종자골이 무엇입니까?

종자골은 인대 또는 건 속에 발생하여 뼈의 표면을 이동하여 움직이는 난원형의 작은 골편입니다. 예를 들어 손뼈에는 엄지손가락의 기절골과 제1중수골의 사이의 양쪽에서 손바닥면에 있는 완두 크기만한 종자골이 있습니다.

그렇다면 판다의 발가락은 다섯 개라는 말씀인가요?

식육목이라면 마땅히 그렇듯이 판다도 진짜 발가락 다섯 개가 발 하나를 이룹니다.

발가락인 것처럼 여분의 발가락이 있는 엄지발가락의 역할은 무엇입니까?

여분의 엄지발가락이라는 속임수는 판다에게 발 하나로는 불가능한 일을 가능하게 해줍니다. 바로 목표물을 확실히 붙잡는 일을 합니다.

우리 눈에는 판다의 발가락이 여섯 개인 것처럼 보일지라도 실제로 판다의 발가락은 다섯 개가 정확한 것입니다. 여분의 발가락은 판다가 목표물을 확실히 움켜쥐는 데 도움을 주는 역할을 합니다. 판다가 여분의 발가락을 가지고 있는 것처럼

보인다고 해서 여분의 발가락을 정상적인 하나의 발가락으로 취급할 수는 없습니다. 따라서 텔레비전 프로그램에서 판다의 발가락이 여섯 개라고 한 것은 잘못된 것이고 강인 씨의 답도 맞다고 인정할 수 없습니다.

원고 측의 변론을 통해 X선을 찍으면 판다의 발가락이 다섯 개인 것을 확인할 수 있으며 여분의 발가락은 실제의 발가락이 아님을 알 수 있었습니다. 방송을 담당하는 곳에서는 판다의 발가락이 여섯 개라고 한 방송된 장면에 대한 정정 방송을 해야 합니다. 눈에 보이는 것이 전부가 아니며 그 내부가 어떻게 되어있는지 살펴본 후에 판단해야하는 것을 일깨워주는 사건이었습니다. 이상으로 재판을 마치도록 하겠습니다.

재판이 끝난 후 스퐁지는 방송 내용 중 잘못된 것이 있었다는 것을 방송하고 사과했으며 판다의 발가락이 다섯 개임을 알렸다.

판다

판다는 몸길이가 60cm 정도이고 버섯이나 죽순 등을 먹으며 산다. 판다는 주로 밤에 활동하므로 낮에는 나무 위에서 몸을 움츠리고 자며 밤에는 땅에 내려와서 먹이를 찾는다. 성질은 조용하고 온순한 편이다.

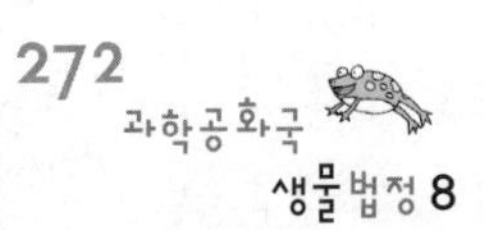

금붕어는 외로워

혼자 있는 금붕어가 병이 난 이유는 무엇일까요?

외로워 씨는 회사를 다니는 직장인이다. 회사가 집과 멀리 떨어져있는 곳이라 결국 회사 근처에 집을 얻어 혼자 살게 되었다. 옛날부터 가족이 많은 집에서 살다가 갑자기 혼자 살게 되자 외로워 씨는 집에 있어도 쓸쓸함을 느꼈다. 그걸 눈치 챈 가족들과 친구들이 외로워 씨에게 금붕어와 강아지를 선물했다.

"집에 애완동물이라도 있으면 덜 쓸쓸하잖아~!"

강아지를 안고 온 친구들이 한 말이었다. 덕분에 외로워 씨는 예전보다는 덜 외로웠고 꼭 친구들이 함께 있는 느낌이 들었다. 그

때문에 외로워 씨는 금붕어와 강아지를 더 아끼고 사랑했다. 그러던 어느 날 외로워 씨에게 큰 고민이 생겼다.

"외로워 씨. 이번에 출장 준비는 다 했나?"

결재를 받으러 과장에게 갔을 때 출장 소식을 들었다. 그러나 외로워 씨는 어디서도 들어보지 못한 말이었기 때문에 당황할 수밖에 없었다.

"네? 출장준비라뇨?"

"아직 못 들었나. 외로워 씨 이번에 일주일 출장 잡혀있네."

"일주일씩이나요?"

"안되나? 이번에 중요한 계약 때문이라서 안 가면 안 되는데."

"아닙니다. 갈 수 있습니다. 가야죠."

회사의 중요한 일이기 때문에 출장을 가야했다. 하지만 외로워 씨의 마음에 걸리는 게 있었다. 지금도 집에서 외로워 씨가 오기만을 기다리고 있는 금붕어와 강아지가 생각났기 때문이다. 일주일 동안 못 본다고 생각하니 걱정이 앞섰다. 그래서 외로워 씨는 집에 돌아와 출장 동안에 금붕어와 강아지를 어떻게 할지 고민했다. 먹이를 어떻게 줘야 하나가 제일 큰 걱정이었다.

"금붕어랑 강아지는 어떡하지? 이 주위에는 맡길만한 곳이 없는데."

외로워 씨는 금붕어와 강아지에게 먹이를 주면서 계속 생각했다. 그리고 저번에 인터넷 쇼핑몰에서 봤던 금붕어 자동 먹이 공급 장치가 기억이 났다. 그것은 주인이 없어도 시간이 되면 정해진 양의 먹이를 주는 장치였다. 그때는 필요가 없어서 자세히 봐 두지는 않았는데 지금 생각이 난 것이다.

"아, 그래. 자동 먹이 공급 장치를 사두면 되겠구나!"

외로워 씨는 생각난 김에 얼른 쇼핑몰에 가서 주문을 했다. 이로써 금붕어 먹이문제는 해결이 되었다. 그리고 강아지는 혼자 두면 너무 외로워할까 봐 친구들이 많은 애견 호텔에 맡기기로 했다. 애견 호텔에 맡기는 것이 강아지를 위해서 최선의 방법이라고 생각했다.

"이렇게 하면 내가 출장 가있는 동안 아무 탈 없겠지?"

외로워 씨는 최대한 출장기간 동안 애완동물들이 잘 지내도록 하려고 했다. 그리고 결국 며칠 뒤 외로워 씨는 잡혀있는 일정대로 출장을 떠나게 되었다. 물론 그 전에 어항에 자동 먹이 공급 장치를 설치해두고 강아지는 가까운 애견센터에 맡겼다.

"애들아, 내가 올 때까지 잘 지내야해~."

외로워 씨는 걱정하던 처음보다는 좀 더 가벼운 마음으로 출장을 떠났다. 출장을 가 있는 일주일 동안 일도 일이지만 외로워 씨는 애완동물이 잘 지내고 있는지가 더 걱정이 되었다. 전화를 해서 알아볼 수도 없는 일이기 때문에 일주일 내내 애완동물 생각뿐이었다.

"잘 있겠지? 먹이도 꼬박꼬박 먹고. 애견 호텔에도 친구들이 많을 텐데 외롭지 않겠지."

그리고 어느새 일주일이 지났고 외로워 씨는 출장에서 돌아오자마자 집으로 왔다. 일도 잘 끝났고 이제 애완동물들을 볼 수 있다는 생각에 기분이 좋았다.

"금붕어야~ 잘 있었어?"

외로워 씨는 신발을 벗자마자 어항이 있는 쪽으로 갔다. 금붕어가 잘 있는지 보기 위해서였다. 하지만 외로워 씨의 예상과 달리 금붕어는 한눈에도 아파보였다. 옛날 같으면 꼬리로 힘차게 헤엄치며 놀고 있을 텐데 지금은 꼬리도 제대로 흔들지 않고 헤엄도 치지 않는 것처럼 보였다.

"어어, 우리 금붕어가 왜 이렇지? 혹시 이 장치가 고장 났나?"

외로워 씨는 혹시나 자동 먹이 공급 장치가 고장이 나서 먹이를 못 먹어서 이렇게 힘이 없는 건가 싶었다. 그래서 직접 손으로 먹이를 떨어뜨려줬다. 하지만 금붕어는 먹이에 관심이 없다는 듯 먹이를 보지도 않았다. 병에 걸린 것 같아 보였다.

"우리 금붕어가 왜 힘이 없는 거야~ 내가 없는 동안에 무슨 일이 일어난 거야!"

외로워 씨는 자신이 출장을 다녀온 사이에 왜 금붕어가 이렇게 힘이 없는지 알아보기 위해서 얼른 어항을 들고 가까운 동물 병원으로 갔다. 급한 마음에 맨발로 뛰어갔을 정도로 외로워 씨는 금붕어에 대해서 많이 걱정하고 있었다.

"저희 금붕어가 이상해요. 힘이 없어요!"

"진정하시구요. 저희가 금붕어를 살펴볼게요."

"왜 이런지 봐 주세요."

마음이 급했던 외로워 씨는 들어가자마자 수의사를 붙잡고 금붕어가 왜 이런지 알아봐 달라고 했다. 의사는 외로워 씨를 진정시키고 금붕어를 찬찬히 살펴봤다. 그런데 수의사도 금붕어가 아픈 것은 알겠지만 왜 아픈지는 자세히 몰랐다.

"저도 왜 아픈지는 잘 모르겠습니다."

수의사는 금붕어를 살펴보고는 결국 낮은 목소리로 대답했다. 이 상태로는 왜 아픈지는 알 수가 없었다. 외로워 씨는 힘없이 어항을 잡고 동물 병원을 나가려고했다. 동물 병원에서도 왜 이런지 모른다고 하니 답답할 노릇이었다. 그때 수의사가 제안했다.

"그러면 생물법정에 의뢰해 보시지요."

"생물법정에요? 이런 것도 해결해주나요?"

"그럼요. 왜 아픈지 알고 싶으시면 생물법정에 의뢰하는 게 빠를 거예요."

"아. 고맙습니다!"

물고기가 이렇게 힘없이 있는 걸 이유도 모른 채 지켜보고 있어야 한다는 생각을 하던 때에 생물법정은 마지막 희망이었다. 그래서 외로워 씨는 왜 금붕어가 먹이도 잘 안 먹고 시름시름 앓는지 이유를 알아보기 위해서 생물법정에 의뢰했다.

금붕어는 3개월 동안 지속되는 기억력을 갖고 있고,
또 감정을 느끼는 동물입니다.

금붕어가 아파서 힘이 없어진 이유는 무엇일까요?

생물법정에서 알아봅시다.

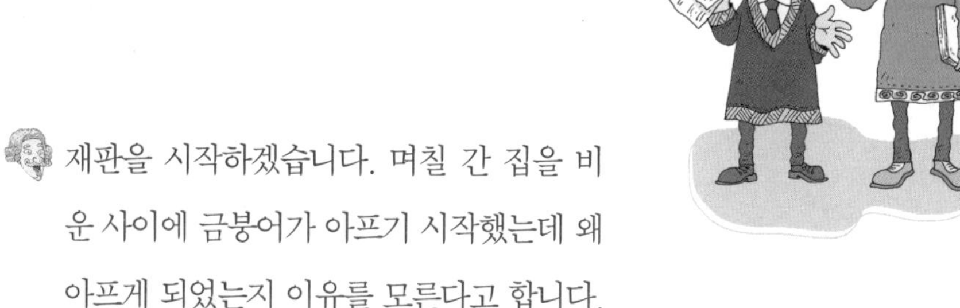

재판을 시작하겠습니다. 며칠 간 집을 비운 사이에 금붕어가 아프기 시작했는데 왜 아프게 되었는지 이유를 모른다고 합니다. 의뢰인의 금붕어가 아픈 이유는 무엇 때문인지 변론을 부탁드립니다. 생치변호사의 변론을 먼저 들어보도록 하겠습니다.

금붕어가 아픈 이유는 먹이가 모자라서 그런 것입니다. 금붕어에 따라 먹는 양이 다르지만 의뢰인의 금붕어는 먹이를 많이 먹는데 자동으로 먹이를 주는 장치는 먹이 양을 너무 적게 주기 때문에 금붕어가 먹이를 먹고도 배가 고프다고 느끼기 때문이지요. 일주일간 출장을 다녀오면 일주일 동안 금붕어가 원하는 양의 먹이를 먹지 못한 것이니 얼마나 배가 고팠겠어요.

의뢰인의 말에 따르면 의뢰인의 금붕어는 먹이를 많이 먹는 편이 아니라고 합니다.

그렇다면 의뢰인의 금붕어가 아픈 이유는 무엇일까요?

금붕어가 슬퍼하는 마음이 오랫동안 지속되어서 우울증 같은 병에 걸린 것 같습니다.

엥? 비오변호사는 금붕어가 사람처럼 감정을 느낀다는 말인가요?

그렇습니다. 처음 들으면 제 말이 황당하게 들릴지 모르겠습니다만 연구 결과 금붕어도 감정을 느낀다는 결론을 얻었습니다.

금붕어가 느끼는 감정이 어떤 것입니까?

금붕어 감정에 대한 연구를 하시는 호주의 리치몬드 로 박사님을 모셔서 말씀 들어보도록 하겠습니다.

증인요청을 받아들이겠습니다.

로 박사님은 금붕어 두 마리가 담긴 작은 어항을 양손으로 들고 들어왔다.

박사님은 금붕어에 대해 연구를 오랫동안 하셨는데 이번에 얻은 놀라운 연구결과가 있습니까?

이번에 금붕어에 대한 연구를 한 결과 금붕어도 감정을 느낀다는 것을 알았습니다.

금붕어가 감정을 느낄 것이라고는 누구도 생각하지 못한 이론입니다. 어떻게 이런 결론을 얻을 수 있었습니까?

금붕어는 우리가 흔히 생각하는 것보다 훨씬 긴 기억력과 감정을 느끼는 동물입니다. 금붕어는 자신과 싸워 자신을 이긴

적수를 피합니다. 자신이 그 적수에게 진 것을 기억하고 있기 때문에 미리 도망치는 것이지요. 금붕어의 기억력은 약 3개월 동안 지속된다는 결론을 얻었습니다. 금붕어를 비롯한 물고기의 기억이 상당히 오랫동안 지속된다는 주장은 이전에도 있었는데 이번 연구가 주목을 끄는 것은 기억력의 지속은 물론 물고기는 감정도 있다는 결론을 얻은 점입니다.

금붕어가 감정을 가지고 있다면 슬프고 기쁜 것도 알 수 있습니까?

기본적인 몇 가지의 감정을 표현할 수 있지요. 강아지나 고양이처럼 주인이 사라지면 그리워하는 감정을 가지고 있습니다. 의뢰인의 금붕어가 힘없이 아픈 것은 먹이 때문이 아니라 주인이 일주일 동안 자신을 보살펴 주지 않아 주인을 그리워하는 마음 때문에 생긴 병이라고 볼 수 있습니다. 또한 이번 연구에서는 금붕어가 고통을 느낄 수 있는 뇌 구조를 가지고 있다는 결론도 얻었습니다.

금붕어를 아픔을 이기고 일어날 수 있도록 할 방법은 없습니까?

금붕어가 아픈 이유가 주인을 그리워하는 마음에서 비롯되었으니 금붕어에게 다른 애완동물처럼 더욱 정성껏 관심을 갖고 보살펴 주면 머지않아 기운을 차릴 것입니다.

금붕어는 기억력이 오래갈 뿐 아니라 감정까지 느낀다는 증인의 증언을 들으니 아무리 작은 동식물들이라도 사랑을 주

고 관심을 쏟아주어야 한다는 생각이 듭니다. 가정에서 키우는 애완동물이 있다면 잘 보살펴 주어야할 것입니다.

의뢰인의 금붕어는 다른 이유가 아니라 사랑이 필요하다고 판단됩니다. 일주일 동안 보살펴주지 못한 사랑을 지금이라도 꾸준히 관심을 가지고 아끼고 보살펴주면서 사랑을 준다면 빨리 활기를 찾을 것이라고 보입니다. 금붕어 뿐 아니라 다른 애완 동식물들을 키우는 사람들은 자신이 기르는 애완 동식물을 사랑해 주어야겠습니다. 이상으로 재판을 마치도록 하겠습니다.

재판이 끝난 후, 자신이 출장을 간 사이 금붕어도 외로움을 탔기 때문이라는 것을 알게 된 외로워 씨는 한동안 예전보다 더 금붕어에게 정성을 쏟고 예뻐했다. 그러자 며칠 후 금붕어는 예전처럼 활기 찬 모습을 되찾았다.

물고기의 지느러미와 근육

물고기는 지느러미를 이용하여 물속에서 전진, 후진, 방향전환 등을 할 수 있다. 또한 물고기의 근육은 오랜 시간을 헤엄쳐도 피로해지지 않는 구조로 되어 있다.

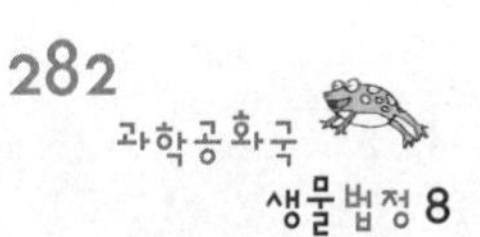

연어가 올라오는 강가의 나무가 더 잘 자란다.

2001년 미국 워싱턴대의 나이만 교수가 바다에서 강을 거슬러 올라오는 연어와 강가에 사는 나무가 서로 이익을 주고받으며 산다는 사실을 밝혀냈습니다. 나이만은 연어가 올라오는 강가의 나무는 그렇지 않은 나무보다 무려 세 배나 빨리 자란다는 것을 알아냈습니다. 예를 들어 가문비나무는 보통 30cm의 굵기지만 연어가 많이 올라오는 강가의 86세 된 가문비나무는 굵기가 50cm를 넘었습니다. 이는 연어는 바다에 있는 풍부한 영양분을 먹고 크게 자란 뒤 강을 거슬러 올라와 알을 낳고 죽는데 이때 연어 시체에 있는 질소와 인을 비롯한 여러 가지 영양분이 강으로 배출되고, 강가에 있는 나무는 뿌리를 통해 영양분을 흡수하기 때문인 것으로 알려졌습니다.

페로몬 발견

1939년 독일의 부테난트가 암컷이 수컷을 유혹하는 화학물질인 페로몬을 발견했습니다. 그는 20년 동안 누에나방을 연구했는데 누에나방의 암컷이 내는 화학물질을 찾던 중 암컷 누에나방이 내는 페로몬이라는 화학물질의 냄새를 수 km 밖에서 맡은 수컷들이 털을 부들부들 떨면서 암컷에게 달려온다는 것을 알아냈습니다. 누에나방 외에 페로몬을 내놓는 대표적인 곤충으로는 개미를 들 수 있습니다. 개미는 길에 페로몬을 분비하는 데 먹이를 찾으면 페로몬 냄새를 맡아 집을 찾습니다.

새들도 노래를 잘하는 수컷을 좋아한다.

2000년 미국 듀크대학의 동물학자인 노위키 교수가 암컷 새들도 레퍼토리가 다양한 수컷 새를 좋아한다는 연구결과를 발표했습니다. 노위키는 휘파람새를 연구했는데 휘파람새는 태어나자마자 둥지에서 아버지 새로부터 노래를 배우고 노래를 잘 하는 수컷이 어렸을 때 아버지의 사랑을 많이 받고 먹이도 잘 먹으며 다양한 레퍼토리를 가진 수컷 새가 깃털도 길고, 몸집도 크다는 것을 알아냈습니다. 그는 또한 음치 수컷 새는 뇌가 잘 발달되어 있지 않아서 암컷들의 사랑을 받지 못한다는 것도 알아냈습니다.

과학성적 끌어올리기

휠 리리~
라라라
휠리리~
휘릴릴 리~~
띠띠띠 삑~
띠띠리똥~
뚜리리~
시끄러 좀 조용히 해!!
내가 노래만 잘했어도 인생이 달라졌을 텐데….
까악~
오빠 멋져
까악~
오빵 I Love You

에필로그

생물과 친해지세요

이 책을 쓰면서 좀 고민이 되었습니다. 과연 누구를 위해 이 책을 쓸 것인지 난감했거든요. 처음에는 대학생과 성인을 대상으로 쓰려고 했습니다. 그러다 생각을 바꾸었습니다. 생물과 관련된 생활 속의 사건이 초등학생과 중학생에게도 흥미 있을 거라는 생각에서였지요.

초등학생과 중학생은 앞으로 우리나라가 21세기 선진국으로 발전하기 위해 필요로 하는 과학 꿈나무들입니다. 그리고 최근 생명과학의 시대에 가장 큰 기여를 하게 될 과목이 바로 생물학입니다. 하지만 지금의 생물 교육은 직접적인 관찰 없이 교과서의 내용을 외워 시험을 보는 것이 성행하고 있습니다. 과연 우리나라에서 노벨 생리 의학상 수상자가 나올 수 있을까 하는 의문이 들 정도로 심각한 상황에 놓여 있습니다.

저는 부족하지만 생활 속의 생물학을 학생 여러분들의 눈높이에 맞추고 싶었습니다. 생물학은 먼 곳에 있는 것이 아니라 우리 주변에 있다는 것을 알리고 싶었습니다. 수학 공부는 논리에서 시작됩니다. 올바른 관찰은 생물에 대한 정확한 정보를 줄 수 있기 때문입니다.